KOMPAKT-WISSEN
MATHEMATIK

Alfred Müller
Kompendium Mathematik
Analysis · Stochastik · Geometrie

ISBN 978-3-86668-278-8

© 2012 by Stark Verlagsgesellschaft mbH & Co. KG
www.stark-verlag.de
1. Auflage 2010

Inhalt

Vorwort

Analysis   1

1 Reelle Funktionen 3
1.1 Definition und Grundbegriffe 3
1.2 Katalog der Elementarfunktionen 8
1.3 Einfluss von Formvariablen 10
1.4 Spiegelungen und Funktionen mit Absolutbetrag 12
1.5 Spezielle Funktionen 15
1.6 Umkehrfunktion 20
1.7 Verkettung von Funktionen 21
1.8 Funktionenscharen 22

2 Grenzwert und Stetigkeit 23
2.1 Verhalten für $x \to \pm\infty$ 23
2.2 Verhalten für $x \to x_0$ 28
2.3 Stetigkeit 31
2.4 Asymptoten 34

3 Differenzieren reeller Funktionen 37
3.1 Steigung und Ableitung 37
3.2 Differenzierbarkeit an einer Nahtstelle 41
3.3 Ableitungsfunktion 43
3.4 Ableitungsregeln 45
3.5 Höhere Ableitungen 48
3.6 Monotonie und Extremwerte 50
3.7 Krümmung und Wendepunkte 52
3.8 Newton-Verfahren 57

4	**Kurvendiskussion**	61
4.1	Kriterien	61
4.2	Ganzrationale Funktion	63
4.3	Gebrochen-rationale Funktion	65
4.4	Nichtrationale Funktion	67
4.5	Ganzrationale Funktionen mit vorgegebenen Eigenschaften	69
4.6	Extremwertaufgaben	71

5	**Integralrechnung**	75
5.1	Stammfunktion und unbestimmtes Integral	75
5.2	Das bestimmte Integral	77
5.3	Hauptsatz der Differenzial- und Integralrechnung	83
5.4	Integrationsverfahren	85

Stochastik		89

6	**Wahrscheinlichkeit**	91
6.1	Definition einer Wahrscheinlichkeitsverteilung	91
6.2	Unabhängigkeit	94
6.3	Zufallsvariable	98
6.4	Maßzahlen	101

7	**Bernoulli-Kette und Binomialverteilung**	105
7.1	Binomialkoeffizient	105
7.2	Urnenmodelle	107
7.3	Bernoulli-Experiment und Bernoulli-Kette	110
7.4	Binomialverteilte Zufallsvariablen	112
7.5	Signifikanztest	119

8   **Koordinatengeometrie im Raum** **129**

8.1   Dreidimensionales kartesisches Koordinatensystem ... 129

8.2   Vektoren im Anschauungsraum 133

8.3   Linearkombination, lineare Abhängigkeit und
      Unabhängigkeit 144

8.4   Längenmessung 148

8.5   Kreis- und Kugelgleichung 150

8.6   Winkelmessung und Skalarprodukt...................... 152

8.7   Vektorprodukt 157

8.8   Berechnung von Flächeninhalten 160

8.9   Berechnung von Volumina 161

9   **Geraden und Ebenen im Raum** **165**

9.1   Geradengleichungen 165

9.2   Ebenengleichungen in Parameterform 167

9.3   Ebenengleichungen in Normalenform 171

9.4   Lagebeziehungen zwischen Geraden und Ebenen 173

9.5   Hesse'sche Normalenform und Abstände 180

9.6   Winkelbestimmungen 186

Stichwortverzeichnis 189

Autor: Alfred Müller

Vorwort

Liebe Schülerinnen und Schüler,

dieses Kompendium bietet eine knappe und dabei ausreichende Zusammenstellung der mathematischen Inhalte der **Oberstufe in Bayern** und gliedert sich in die drei Bereiche **Analysis (Infinitesimalrechnung), Stochastik** und **Geometrie**, wobei besonders das für die Abiturprüfung notwendige Wissen enthalten ist.

- Wichtige **Definitionen, Merksätze** und **Anleitungen zur Berechnung von Aufgaben** sind hervorgehoben.

- **Graphen von Funktionen** veranschaulichen den Unterrichtsstoff zusätzlich.

- Charakteristische und prägnante **Beispiele** verdeutlichen die jeweiligen Stoffinhalte.

- Das **Stichwortverzeichnis** führt schnell und treffsicher zum jeweils gesuchten Begriff.

Dieses Buch ist somit ideal geeignet zum schnellen Nachschlagen von Begriffen, zur zeitsparenden Wiederholung von Unterrichtsstoff sowie zur Vorbereitung auf Klausuren und auf die Abiturprüfung.

Alfred Müller

Analysis ◀

1 Reelle Funktionen

In der Analysis werden als wesentliche Inhalte Funktionen, ihre Eigenschaften und ihre Anwendungen auf mathematische und außermathematische Probleme betrachtet. Denn immer dann, wenn die Werte zweier Größen voneinander abhängen, liegt potenziell eine Funktion vor. Sowohl in der Natur als auch im täglichen Leben gibt es eine große Anzahl solcher Abhängigkeiten, die meist direkt oder wenigstens in einer Näherung als Funktion geschrieben werden können.

1.1 Definition und Grundbegriffe

Im Folgenden werden von der Definition der Funktion ausgehend grundlegende Begriffe geklärt und Verknüpfungen der Funktionen aus dem Katalog der Elementarfunktionen untersucht.

Funktion
- Eine **Funktion f** ordnet die Elemente einer Menge D_f **(Definitionsmenge)** eindeutig den Elementen einer Menge W_f **(Wertemenge)** zu.
- Die Funktion f heißt **reelle Funktion**, wenn D_f und W_f Teilmengen der Menge der reellen Zahlen sind, d. h., $D_f \subseteq \mathbb{R}$ und $W_f \subseteq \mathbb{R}$ gelten.

Man schreibt:

$f : x \mapsto f(x)$	Funktionszuordnung
$y = f(x)$	Funktionsgleichung
$f = \{(x \mid y) \mid x \in D_f \wedge y \in W_f \wedge y = f(x)\}$	Funktion

Die Variable $x \in D_f$ wird **unabhängige** Variable genannt. Die Variable y ist **abhängig** davon, was für x in den Funktionsterm $f(x)$ eingesetzt wird, und heißt **Funktionswert**.

Die zusammengehörenden Paare $(x \mid y)$ kann man in ein rechtwinkliges (kartesisches) **Koordinatensystem** eintragen. Es ergibt sich der **Graph G_f** der Funktion f.

Beispiel $f: x \mapsto \frac{1}{2}x^2 - x - \frac{3}{2}$ bzw.

$y = f(x) = \frac{1}{2}x^2 - x - \frac{3}{2}$, $D_f = \mathbb{R}$, $W_f = [-2; \infty[$

Graph:

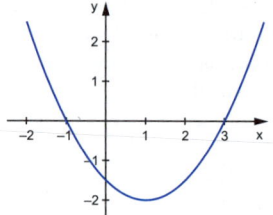

Anhand des Graphen werden weitere **Grundbegriffe** geklärt:

> **Schnittpunkte mit den Achsen**
> Schnittpunkte mit der **x-Achse (Nullstellen)**: $y = f(x) = 0$
> Schnittpunkte mit der **y-Achse**: $x = 0$

Beispiel Für die Funktion mit der Gleichung $f(x) = \frac{1}{2}x^2 - x - \frac{3}{2}$ bedeutet dies:

1. $\frac{1}{2}x^2 - x - \frac{3}{2} = 0 \implies x = -1 \lor x = 3$

   Somit schneidet der Graph von f die x-Achse in den Punkten $N_1(-1 \mid 0)$, $N_2(3 \mid 0)$.

2. $y = f(0) = -\frac{3}{2}$

   Also schneidet der Graph von f die y-Achse im Punkt $T\left(0 \mid -\frac{3}{2}\right)$.

Monotonie

Eine Funktion f heißt **monoton zunehmend** oder **steigend (abnehmend** oder **fallend)**, wenn für alle $x_1, x_2 \in D_f$ gilt:

$x_1 \leq x_2 \Rightarrow f(x_1) \leq f(x_2) \quad (x_1 \leq x_2 \Rightarrow f(x_1) \geq f(x_2))$

Sie heißt **streng monoton zunehmend** oder **steigend (abnehmend** oder **fallend)**, wenn für alle $x_1, x_2 \in D_f$ gilt:

$x_1 < x_2 \Rightarrow f(x_1) < f(x_2) \quad (x_1 < x_2 \Rightarrow f(x_1) > f(x_2))$

Der Graph G_f **steigt (fällt)** dann streng monoton.

Anschaulich:

Der Graph G_f steigt streng monoton, wenn in Richtung wachsender x-Werte die y-Werte zunehmen.

Der Graph G_f fällt streng monoton, wenn in Richtung wachsender x-Werte die y-Werte abnehmen.

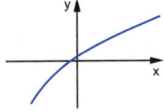
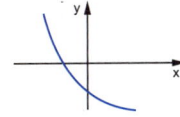

Der Graph der Funktion f mit der Gleichung $f(x) = \frac{1}{2}x^2 - x - \frac{3}{2}$ **Beispiel** ist für $x < 1$, d. h. für $x \in \,]-\infty; 1\,[$, streng monoton abnehmend und für $x > 1$, d. h. für $x \in \,]1; \infty\,[$, streng monoton zunehmend.

Extremwerte

Eine Funktion hat an der Stelle x_0 ein **relatives Maximum (Minimum)**, wenn die Funktionswerte (y-Werte) in einer Umgebung von x_0 kleiner (größer) als der Funktionswert $f(x_0)$ sind.

Der Graph besitzt einen **Hochpunkt (Tiefpunkt)** $(x_0 \mid f(x_0))$.

Der größte (kleinste) Funktionswert in der Definitionsmenge D_f ist ein **absolutes (globales) Maximum (Minimum)**.

Beispiel Für $f(x) = \frac{1}{2}x^2 - x - \frac{3}{2}$ gilt:

Für $x = 1$ liegt ein (relatives) Minimum vor, weil $f(1) = -2$ der kleinste Wert der Funktion f ist. Der Graph G_f hat den Tiefpunkt $T(1\,|-2)$.

Achsensymmetrie
Der Graph G_f einer Funktion f ist **achsensymmetrisch** zur **y-Achse**, wenn für alle $x \in D_f$ gilt: $f(-x) = f(x)$
Eine solche Funktion heißt eine **gerade** Funktion.

Beispiel Der Graph der Funktion $y = f(x) = -x^2 + 2$
ist achsensymmetrisch zur y-Achse, weil
$$f(-x) = -(-x)^2 + 2$$
$$= -x^2 + 2 = f(x)$$
gilt.

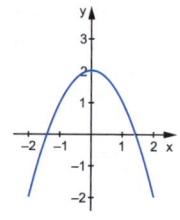

Punktsymmetrie
Der Graph G_f einer Funktion f ist **punktsymmetrisch** zum **Ursprung O(0$\,|\,$0)**, wenn für alle $x \in D_f$ gilt: $f(-x) = -f(x)$
Eine solche Funktion heißt eine **ungerade** Funktion.

Beispiel Der Graph der Funktion $y = f(x) = x^3 - 3x$
ist punktsymmetrisch zum Ursprung,
weil
$$f(-x) = (-x)^3 - 3(-x)$$
$$= -x^3 + 3x = -f(x)$$
gilt.

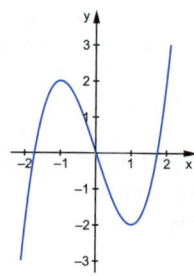

Periodische Funktionen
Eine Funktion f heißt periodisch, wenn es eine Zahl $p > 0$
gibt, sodass für alle $x \in D_f$ gilt: $f(x + p) = f(x)$, d. h., die
y-Werte wiederholen sich jeweils nach p Einheiten.

Der Graph der gezeichneten Funktion f: $x \mapsto \sin x + 2 \cos x$
hat die Periode $p = 2\pi$.

Beispiel

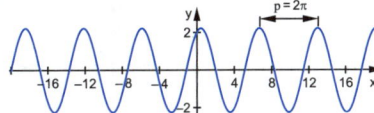

Schnittpunkte zweier Funktionsgraphen
In einem Schnittpunkt $S(x_0 \mid y_0)$ der Graphen G_f und G_g
zweier Funktionen f und g muss gelten: $y_0 = f(x_0) = g(x_0)$,
d. h., zur Bestimmung der x-Werte der Schnittpunkte setzt
man die beiden Funktionsterme gleich und löst dann die
Gleichung $f(x) = g(x)$.

Die Graphen der gezeichneten Funktionen
f: $x \mapsto x^2 - 4x + 3$ und g: $x \mapsto \frac{1}{2}x - \frac{1}{2}$

Beispiel

schneiden sich in den Punkten $S_1(1 \mid 0)$ und $S_2\left(\frac{7}{2} \mid \frac{5}{4}\right)$, denn:

$$f(x) = g(x) \implies x^2 - 4x + 3 = \frac{1}{2}x - \frac{1}{2}$$
$$x^2 - \frac{9}{2}x + \frac{7}{2} = 0$$

$$x_{1;2} = \frac{1}{2}\left(\frac{9}{2} \pm \sqrt{\frac{81}{4} - \frac{56}{4}}\right) = \frac{1}{2}\left(\frac{9}{2} \pm \frac{5}{2}\right)$$

$$x_1 = 1; \quad x_2 = \frac{7}{2}$$

$$g(1) = 0; \quad g\left(\frac{7}{2}\right) = \frac{5}{4}$$

$$\implies S_1(1 \mid 0); \quad S_2\left(\frac{7}{2} \mid \frac{5}{4}\right)$$

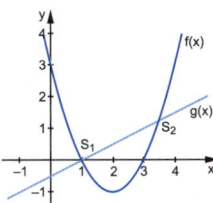

1.2 Katalog der Elementarfunktionen

(1) **Lineare Funktion**
$f: x \mapsto x \quad (y = x)$
$D_f = \mathbb{R}; \quad W_f = \mathbb{R}$

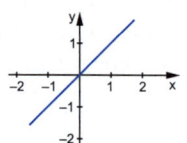

(2) **Betragsfunktion**
$f: x \mapsto |x| \quad (y = |x|)$
$y = |x| = \begin{cases} x & \text{für } x \geq 0 \\ -x & \text{für } x < 0 \end{cases}$
$D_f = \mathbb{R}; \quad W_f = \mathbb{R}_0^+$

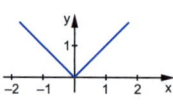

(3) **Quadratische Funktion**
$f: x \mapsto x^2 \quad (y = x^2)$
$D_f = \mathbb{R}; \quad W_f = \mathbb{R}_0^+$

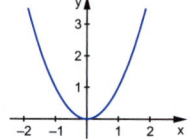

(4) **Wurzelfunktion**
$f: x \mapsto \sqrt{x} \quad (y = \sqrt{x})$
$D_f = \mathbb{R}_0^+; \quad W_f = \mathbb{R}_0^+$

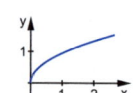

(5) **Potenzfunktion**
$f: x \mapsto x^n \;\wedge\; n \in \mathbb{N}$
$\qquad\qquad \wedge\; n \geq 3$
$D_f = \mathbb{R};$
$W_f = \begin{cases} \mathbb{R}, & n \text{ ungerade} \\ \mathbb{R}_0^+, & n \text{ gerade} \end{cases}$

Graphen: **Parabeln**

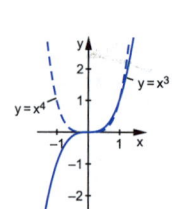

(6) **Potenzfunktion**

$f: x \mapsto x^{-n} \wedge n \in \mathbb{N}$

$D_f = \mathbb{R} \setminus \{0\};$

$W_f = \begin{cases} \mathbb{R} \setminus \{0\}, & n \text{ ungerade} \\ \mathbb{R}^+, & n \text{ gerade} \end{cases}$

Graphen: **Hyperbeln**

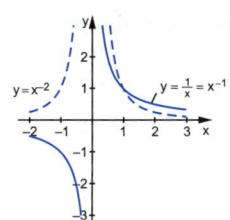

(7) **Exponentialfunktion**

$f: x \mapsto a^x \wedge a \in \mathbb{R}^+ \setminus \{1\}$

$D_f = \mathbb{R}; \quad W_f = \mathbb{R}^+$

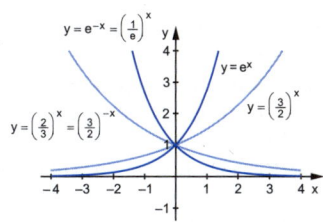

Die Exponentialfunktion mit der Euler'schen Zahl e als Basis heißt **natürliche Exponentialfunktion $y = f(x) = e^x$**. Die Euler'sche Zahl e ist eine transzendent irrationale Zahl, die über

$$e = \lim_{n \to \infty} \left(1 + \frac{1}{n}\right)^n = 2{,}7182818\ldots$$

berechnet werden kann.

(8) **Logarithmusfunktion**

$f: x \mapsto \log_a x \wedge a \in \mathbb{R}^+ \setminus \{1\}$

$D_f = \mathbb{R}^+; \quad W_f = \mathbb{R}$

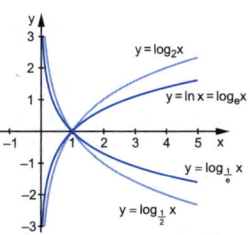

Die Logarithmusfunktion mit der Euler'schen Zahl e als Basis heißt **natürliche Logarithmusfunktion $y = \log_e x = \ln x$**.

(9) **Sinusfunktion**
f: $x \mapsto \sin x$ $(y = \sin x)$
$D_f = \mathbb{R}$; $W_f = [-1; 1]$

(10) **Kosinusfunktion**
f: $x \mapsto \cos x$ $(y = \cos x)$
$D_f = \mathbb{R}$; $W_f = [-1; 1]$

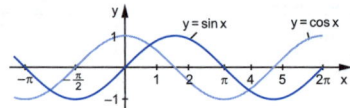

1.3 Einfluss von Formvariablen

Führt man in die Funktionsgleichung einer Elementarfunktion
eine Konstante als Formvariable ein, so erhält man eine Verschiebung oder eine Streckung, bei mehreren Formvariablen
eine Kombination dieser Abbildungen.

$f(x) \mapsto g(x) = f(x) + d$, $d \in \mathbb{R}$
Verschiebung um d in y-Richtung, $D_f = D_g$

Beispiel $f(x) = x^2$; $D_f = \mathbb{R}$; $W_f = \mathbb{R}_0^+$
$g(x) = x^2 - 1$; $D_g = \mathbb{R}$; $W_g = [-1; \infty[$

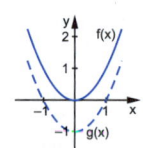

$f(x) \mapsto g(x) = a \cdot f(x)$, $a \in \mathbb{R}$
Multiplikation der Funktionswerte mit a, $D_f = D_g$

Beispiel 1. $f(x) = x$; $D_f = \mathbb{R}$; $W_f = \mathbb{R}$
$g(x) = \frac{1}{2}x$; $D_g = \mathbb{R}$; $W_g = \mathbb{R}$

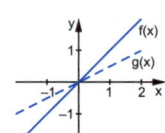

2. $f(x) = 0,5^x$; $D_f = \mathbb{R}$; $W_f = \mathbb{R}^+$
$g(x) = 2 \cdot 0,5^x$; $D_g = \mathbb{R}$; $W_g = \mathbb{R}^+$

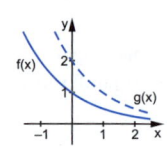

$f(x) \mapsto g(x) = f(x + c)$, $c \in \mathbb{R}$
Verschiebung um $-c$ in x-Richtung, $W_f = W_g$

1. $f(x) = x^3$; $D_f = \mathbb{R}$; $W_f = \mathbb{R}$
   $g(x) = (x - 1)^3$; $D_g = \mathbb{R}$; $W_g = \mathbb{R}$

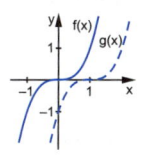

Beispiel

2. $f(x) = x^2$; $D_f = \mathbb{R}$; $W_f = \mathbb{R}_0^+$
   $g(x) = (x + 1)^2$; $D_g = \mathbb{R}$; $W_g = \mathbb{R}_0^+$

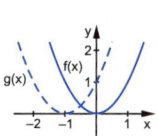

$f(x) \mapsto g(x) = f(bx)$, $b \in \mathbb{R} \setminus \{0\}$
Formveränderung in x-Richtung:
$|b| > 1$: Stauchung; $0 < |b| < 1$: Dehnung; $W_f = W_g$

1. $f(x) = \sin x$; $D_f = \mathbb{R}$; $W_f = [-1; 1]$
   $g(x) = \sin(2x)$; $D_g = \mathbb{R}$; $W_g = [-1; 1]$

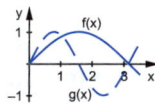

Beispiel

2. $f(x) = 2^x$; $D_f = \mathbb{R}$; $W_f = \mathbb{R}^+$
   $g(x) = 2^{\frac{1}{2}x}$; $D_g = \mathbb{R}$; $W_g = \mathbb{R}^+$

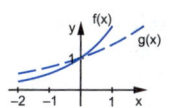

Wenn alle diese Formvariablen zusammenwirken, ergibt sich
eine Funktion $g: x \mapsto g(x) = a \cdot f(b\,(x + c)) + d$

1. $y = g(x)$
   $= 2 \cdot \sin\left(2\left(x - \frac{\pi}{2}\right)\right) + 1$
   $D_g = \mathbb{R}$, $W_g = [-1; 3]$

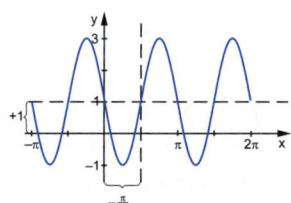

Beispiel

2. $y = g(x) = \frac{1}{2} \cdot 2^{x-2} - 1$

$D_g = \mathbb{R}, \ W_g = \,]-1; \infty\,[$

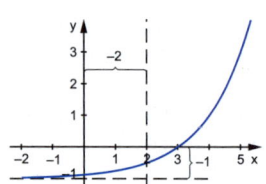

3. $y = g(x) = \frac{2}{x-1}$

$D_g = \mathbb{R} \setminus \{1\}$,

$W_g = \mathbb{R} \setminus \{0\}$

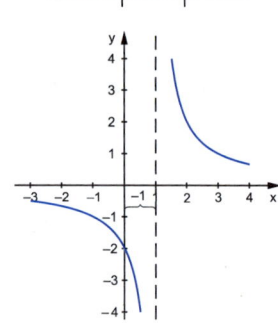

1.4 Spiegelungen und Funktionen mit Absolutbetrag

Spiegelungen an x- und y-Achse sowie am Ursprung und das Einbringen von Absolutbeträgen der Variable bewirken ebenfalls Formänderungen der Funktionsgraphen.

Spiegelung an der y-Achse: $f(x) \mapsto g(x) = f(-x)$

Beispiel 1. $f(x) = x \ \Rightarrow \ g(x) = -x$

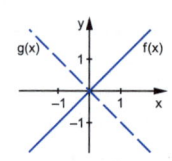

2. $f(x) = x^2 \ \Rightarrow$
$g(x) = f(-x) = (-x)^2 = x^2$

Der Graph von $f(x) = x^2$ ist symmetrisch zur y-Achse; d. h., es gilt $f(-x) = f(x)$ und damit $g(x) = f(x)$.

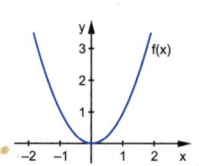

Spiegelung an der x-Achse: $f(x) \mapsto g(x) = -f(x)$

1. $f(x) = 2^x \implies g(x) = -2^x$

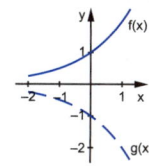

Beispiel

2. $f(x) = \sin x \implies g(x) = -\sin x$

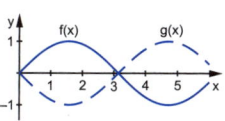

Anmerkung:

Es gibt keine Funktion außer $f(x) = 0$, die einen zur x-Achse symmetrischen Graphen besitzt, weil es sonst x-Werte gäbe, zu denen mehr als ein y-Wert gehörte.

Punktspiegelung am Ursprung: $f(x) \mapsto g(x) = -f(-x)$

1. $f(x) = 2^x \implies g(x) = -2^{-x}$

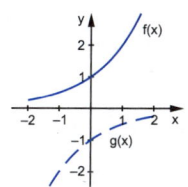

Beispiel

2. $f(x) = x^3 \implies$
   $g(x) = -f(-x) = -(-x)^3 = x^3$

   Der Graph von $f(x) = x^3$ ist punktsymmetrisch zum Ursprung; d. h., es gilt $f(-x) = -f(x)$ und damit $g(x) = f(x)$.

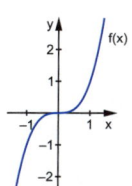

Funktionen, in denen ein **absoluter Betrag** auftritt, können **abschnittsweise** geschrieben werden.

Beispiel

1. $y = f(x) = 2^{|x-2|}$, $D_f = \mathbb{R}$

$$= \begin{cases} 2^{x-2} & \text{für } x \geq 2 \\ 2^{-(x-2)} & \text{für } x < 2 \end{cases}$$

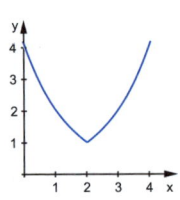

2. $y = f(x) = |x - 2|$, $D_f = \mathbb{R}$

$$= \begin{cases} x - 2 & \text{für } x \geq 2 \\ -(x-2) & \text{für } x < 2 \end{cases}$$

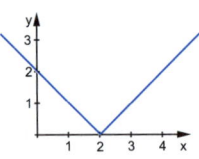

Absolutbetrag von Funktionen: $g(x) = |f(x)|$

Der Graph G_g der Funktion g entsteht aus dem Graphen G_f der Funktion f wie folgt: Alle Teile des Graphen G_f, die unterhalb der x-Achse liegen, werden an dieser gespiegelt. Die Anteile mit $y \geq 0$ bleiben unverändert.

Beispiel $g(x) = |f(x)| = \left| \frac{1}{2}x^2 - x - 4 \right|$, $D_g = D_f = \mathbb{R}$

Graph G_f von f: Graph G_g von g:
$W_f = [-4,5; \infty[$ $W_g = \mathbb{R}_0^+$

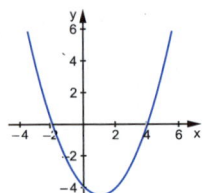   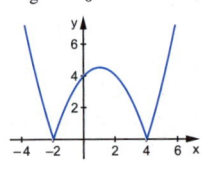

Funktion von einem Absolutbetrag: $g(x) = f(|x|)$

Der Graph G_g der Funktion g entsteht aus dem Graphen G_f der
Funktion f wie folgt: Alle Teile des Graphen G_f, die links von
der y-Achse liegen, werden ersetzt durch das Spiegelbild des
Teils des Graphen G_f mit $x \geq 0$ an der y-Achse. Die Anteile mit
$x \geq 0$ bleiben unverändert.

$g(x) = f(|x|) = \frac{1}{2}|x|^2 - |x| - 4 = \frac{1}{2}x^2 - |x| - 4, \quad D_f = D_g = \mathbb{R}$ **Beispiel**

Graph G_f von f: Graph G_g von g:
$W_f = [-4,5; \infty[$ $W_g = [-4,5; \infty[$

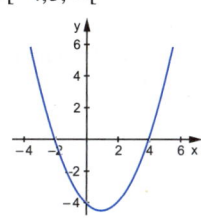 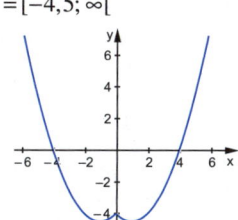

1.5 Spezielle Funktionen

Im Folgenden werden Funktionen mit ähnlichen Eigenschaften
zu Gruppen zusammengefasst.

Die allgemeine lineare Funktion
$y = f(x) = mx + t, \quad D_f = \mathbb{R}$ m: Steigung
                                                 t: y-Abschnitt

---

Im nebenstehenden Beispiel $y = \frac{1}{2}x + 1$
gilt: $m = \frac{\Delta y}{\Delta x} = \frac{1}{2}, \quad t = 1$

Es gilt ferner, dass jede lineare Gleichung $ax + by + c = 0 \ \wedge \ b \neq 0$ eine
Gerade als Graphen besitzt, da sie
umgeformt werden kann:

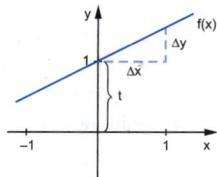

$ax + by + c = 0 \ \Rightarrow \ by = -ax - c \ \Rightarrow \ y = -\frac{a}{b}x - \frac{c}{b} = mx + t$

Beispiel Formen Sie $2x - 3y + 2 = 0$ so um, dass die Form $y = mx + t$ entsteht. Zeichnen Sie den Graphen.

Lösung:
$$2x - 3y + 2 = 0$$
$$3y = 2x + 2$$
$$y = \frac{2}{3}x + \frac{2}{3}$$
$$m = \frac{2}{3}, \ t = \frac{2}{3}$$

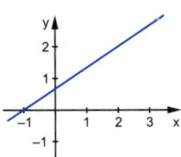

Die allgemeine quadratische Funktion

Die allgemeine quadratische Funktion f hat die Funktionsgleichung $y = f(x) = ax^2 + bx + c \ \wedge \ a \neq 0$, $D_f = \mathbb{R}$, ihr Graph heißt **Parabel**.

Besitzt die zugehörige Parabel den Scheitel $S(s_1 \mid s_2)$, so lässt sich die Funktion durch die **Scheitelform**
$$y = f(x) = ax^2 + bx + c = a \cdot (x - s_1)^2 + s_2$$
darstellen.

Besitzt die zugehörige Parabel die Schnittpunkte $N_1(x_1 \mid 0)$ und $N_2(x_2 \mid 0)$ mit der x-Achse (Nullstellen), so lässt sich die Funktion in **Linearfaktoren** zerlegen zu
$$y = f(x) = ax^2 + bx + c = a \cdot (x - x_1) \cdot (x - x_2).$$

Beispiel 1. $y = \frac{1}{2}x^2 - x - 4, \ \ D_f = \mathbb{R}$

Schnittpunkte mit der x-Achse:
$$\frac{1}{2}x^2 - x - 4 = 0$$
$$x_{1;2} = \frac{1}{1}\left(1 \pm \sqrt{1+8}\right) = 1 \pm 3$$
$$x_1 = -2 \ \Rightarrow \ N_1(-2 \mid 0)$$
$$x_2 = 4 \ \ \Rightarrow \ N_2(4 \mid 0)$$

Aufspaltung in Linearfaktoren:
$$y = \frac{1}{2}x^2 - x - 4 = \frac{1}{2} \cdot (x + 2) \cdot (x - 4)$$

Scheitelform:

$$y = \frac{1}{2}(x^2 - 2x + 1) - 4 - \frac{1}{2}$$
$$= \frac{1}{2}(x-1)^2 - \frac{9}{2}$$
$$\Rightarrow \quad S\left(1 \left| -\frac{9}{2}\right.\right) \text{ Scheitel}$$
$$W_f = \left[-\frac{9}{2}; \infty\right[$$

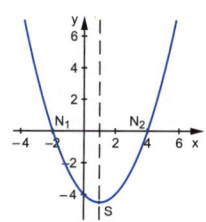

2. Gegeben ist die quadratische Funktion

   f: $x \mapsto y = f(x) = -\frac{1}{4}x^2 - \frac{1}{2}x + 2$, $D_f = \mathbb{R}$.

   Bestimmen Sie die Koordinaten des Scheitels S sowie die Wertemenge und geben Sie eine Aufspaltung in Linearfaktoren sowie die Bereiche mit $y \geq 0$ bzw. $y \leq 0$ an. Zeichnen Sie die zugehörige Parabel.

   Lösung:

   Scheitelbestimmung:

$$y = -\frac{1}{4}x^2 - \frac{1}{2}x + 2$$
$$= -\frac{1}{4}(x^2 + 2x + 1) + 2 + \frac{1}{4}$$
$$y = -\frac{1}{4}(x+1)^2 + \frac{9}{4}$$
$$\Rightarrow \text{ Scheitel } S\left(-1 \left| \frac{9}{4}\right.\right)$$

Wertemenge $W_f = \left]-\infty; \frac{9}{4}\right]$

Aufspaltung in Linearfaktoren:

$$-\frac{1}{4}x^2 - \frac{1}{2}x + 2 = 0 \qquad |\cdot(-4)$$
$$x^2 + 2x - 8 = 0$$
$$x_{1;2} = \frac{1}{2}(-2 \pm \sqrt{4+32}) = \frac{1}{2}(-2 \pm 6)$$
$$x_1 = -4 \Rightarrow N_1(-4|0)$$
$$x_2 = 2 \Rightarrow N_2(2|0)$$
$$y = -\frac{1}{4}(x+4)\cdot(x-2)$$
$$y \geq 0 \text{ für } x \in [-4; 2]$$
$$y \leq 0 \text{ für } x \in \left]-\infty; -4\right] \cup [2; \infty[$$

> ### Ganzrationale Funktionen
> Eine Funktion f ist eine ganzrationale Funktion, wenn ihr Funktionsterm ein Polynom in x ist. Für jede ganzrationale Funktion f gilt $D_f = \mathbb{R}$.

Beispiel
1. $f(x) = 5x^4 + 3x^3 - 2x^2 - x + 6$
   ist eine ganzrationale Funktion 4. Grades.

2. $f(x) = x^5 - x + 1$
   ist eine ganzrationale Funktion 5. Grades.

3. $f(x) = 1$
   ist eine ganzrationale Funktion 0. Grades.

Besitzt die ganzrationale Funktion f an der Stelle $x = x_0$ eine Nullstelle, so kann der Faktor $(x - x_0)$ abgespalten werden, d. h. $f(x) = (x - x_0) \cdot g(x)$. Den Term $g(x)$ erhält man aus $f(x)$ durch Polynomdivision durch $(x - x_0)$.

> ### n-fache Nullstelle
> Kann man bei einer Funktion f den Faktor $(x - x_0)^n$ abspalten, so heißt x_0 eine n-fache Nullstelle.

Beispiel Die Funktion f mit $f(x) = x^3 - 3x^2 + 4x - 2$ hat an der Stelle $x = 1$ eine Nullstelle, weil $f(1) = 0$ gilt.

$$
\begin{array}{l}
(x^3 - 3x^2 + 4x - 2) : (x - 1) = x^2 - 2x + 2 \\
\underline{-(x^3 - x^2)} \\
{-2x^2 + 4x} \\
\underline{-(-2x^2 + 2x)} \\
{2x - 2} \\
\underline{-(2x - 2)} \\
\underline{}
\end{array}
$$

$\Rightarrow f(x) = x^3 - 3x^2 + 4x - 2 = (x - 1) \cdot (x^2 - 2x + 2)$

(Gebrochen-)Rationale Funktion

Eine Funktion f ist eine (gebrochen-)rationale Funktion, wenn sie als Quotient zweier ganzrationaler Funktionen g und h dargestellt werden kann, d. h. $f(x) = \frac{g(x)}{h(x)}$.

Für jede rationale Funktion gilt: $D_f = \mathbb{R} \setminus \{x \mid h(x) = 0\}$, d. h., die Nullstellen des Nenners gehören nicht zum Definitionsbereich.

Offenbar ist die Menge der ganzrationalen Funktionen in der Menge der rationalen Funktionen enthalten.

Beispiel

1. $f(x) = \frac{x^2 - 4}{x + 1}$, $D_f = \mathbb{R} \setminus \{-1\}$

2. $f(x) = \frac{x + 5}{x^2 - 9}$, $D_f = \mathbb{R} \setminus \{-3; 3\}$

3. $f(x) = \frac{4x^2 + 3x - 5}{1} = 4x^2 + 3x - 5$, $D_f = \mathbb{R}$

Nichtrationale Funktionen

Alle Funktionen, die sich nicht als Quotient zweier Polynome in x darstellen lassen, heißen nichtrationale Funktionen.

Beispiel

1. $f(x) = 2^x$, $D_f = \mathbb{R}$

2. $f(x) = \log_{10}(x + 2)$, $D_f = \,]-2; \infty[$

   Im Logarithmus dürfen nur positive Ausdrücke stehen.

3. $f(x) = \sqrt{1 - x^2}$, $D_f = [-1; 1]$

   Unter der Wurzel dürfen nur nichtnegative Ausdrücke stehen.

4. $f(x) = \sin\left(x + \frac{\pi}{2}\right)$, $D_f = \mathbb{R}$

1.6 Umkehrfunktion

Auch die umgekehrte Zuordnung kann eine Funktion sein. Es gilt:

> **Umkehrfunktion**
> Eine Funktion f ist umkehrbar, wenn es zu jedem $y \in W_f$ auch nur genau ein $x \in D_f$ gibt, d. h., wenn die Zuordnungen $x \mapsto y$ und $y \mapsto x$ beide eindeutig sind.

Wenn eine Funktion in einem Intervall streng monoton ist, dann ist jedem x aus dem Intervall genau ein y zugeordnet und umgekehrt. Somit ist die Funktion in diesem Monotoniebereich umkehrbar. Die Umkehrfunktion zur Funktion f wird mit f^{-1} bezeichnet. Bei der Bildung der Umkehrfunktion werden die Paare $(x \mid y)$ vertauscht zu $(y \mid x)$. Man kann also die Funktionsgleichung der Umkehrfunktion bestimmen, indem man in der Funktionsgleichung $y = f(x)$ die Variablen x und y vertauscht und diese Gleichung dann (falls möglich) nach y auflöst. Dadurch vertauschen sich auch Definitionsmenge und Wertemenge, d. h. $D_{f^{-1}} = W_f$ und $W_{f^{-1}} = D_f$. Daraus ergibt sich auch der Graph $G_{f^{-1}}$ der Umkehrfunktion f^{-1}: Der Graph G_f der Funktion f wird an der Winkelhalbierenden $y = x$ gespiegelt.

Beispiel $\quad y = f(x) = \frac{1}{2}x^2 - x - \frac{3}{2} = \frac{1}{2}(x-1)^2 - 2$

Die Funktion f ist in $]-\infty; 1[$ bzw. in $]1; \infty[$ streng monoton und dort jeweils umkehrbar. Hier wird $D_f =]1; \infty[$ gewählt; dann ist $W_f =]-2; \infty[$.

Bestimmung der Umkehrfunktion:

$f^{-1}:$

$$x = \frac{1}{2}(y-1)^2 - 2$$

$$\frac{1}{2}(y-1)^2 = x + 2 \qquad | \cdot 2$$

$$(y-1)^2 = 2x + 4$$

$$y - 1 = \overset{+}{(-)}\sqrt{2x+4}$$

$$y = f^{-1}(x) = 1 + \sqrt{2x+4}$$

Es gilt jetzt: $D_{f^{-1}} =]-2; \infty[$ und $W_{f^{-1}} =]1; \infty[$. Den Graphen $G_{f^{-1}}$ erhält man durch Spiegelung an der Geraden $y = x$.

1.7 Verkettung von Funktionen

Neue Funktionen werden gewonnen, wenn man eine Funktion in eine andere einsetzt.

Verketten zweier Funktionen

Das Verketten von zwei Funktionen g und h zu einer Funktion f entspricht dem Nacheinanderausführen der beiden Funktionszuordnungen. Dabei darf die Schnittmenge der Wertemenge von h und der Definitionsmenge von g nicht leer sein.

$g: x \mapsto g(x) \;\wedge\; h: x \mapsto h(x) \;\Rightarrow\; f: x \mapsto g(h(x))$
(Andere Schreibweise: $f(x) = (g \circ h)(x)$; gelesen: „h vor g")

Die Funktion g heißt **äußere Funktion**, die Funktion h **innere Funktion**. Man erhält den Wert des Funktionsterms an einer Stelle x_0, indem man zuerst $h(x_0)$ berechnet und dann diesen Wert in die Funktion g einsetzt.

Die Verkettung ist im Allgemeinen **nicht kommutativ**.

Beispiel

1. $g(x) = \sqrt{x+1}, \; D_g = [-1; \infty[, \; W_g = \mathbb{R}_0^+;$

   $h(x) = x^3 + 2, \; D_h = W_h = \mathbb{R}$

   $\Rightarrow \; W_h \cap D_g = [-1; \infty[, \; W_g \cap D_h = \mathbb{R}_0^+$

   $f(x) = g(h(x)) = \sqrt{(x^3+2)+1} = \sqrt{x^3+3}$

   $\tilde{f}(x) = h(g(x)) = (\sqrt{x+1})^3 + 2 = \sqrt{(x+1)^3} + 2 \neq g(h(x))$

2. $g(x) = \ln(x-2), \; D_g =]2; \infty[, \; W_g = \mathbb{R};$

   $h(x) = \sqrt{2-x^2}, \; D_h = [-\sqrt{2}; \sqrt{2}], \; W_h = [0; \sqrt{2}]$

   Die Verkettung

   $g(h(x)) = \ln(\sqrt{2-x^2} - 2)$

   ist wegen $D_g \cap W_h = \{\}$ nicht möglich, da im Argument der Logarithmusfunktion immer etwas Negatives stehen würde. Dagegen existiert die Verkettung

   $h(g(x)) = \sqrt{2 - [\ln(x-2)]^2}$ für alle x mit $|\ln(x-2)| \leq \sqrt{2}$.

1.8 Funktionenscharen

Kann eine Formvariable in einer Funktionsgleichung mehrere Werte annehmen, so entstehen entsprechend auch mehrere Funktionen.

> **Funktionenschar**
> Enthält eine Funktionsgleichung neben der Gleichungsvariablen noch eine Formvariable, so spricht man von einer Funktionenschar.

Beispiel $f_a(x) = ax^2 - 2x$, $a \in \mathbb{R}$, $D_{f_a} = \mathbb{R}$

Es gilt z. B.:
$$f_1(x) = x^2 - 2x$$
$$f_{-2}(x) = -2x^2 - 2x$$
$$f_{\frac{1}{2}}(x) = \frac{1}{2}x^2 - 2x$$

Enthält ein Punkt P einer Scharkurve einen Parameter, so beschreibt er in der Regel eine Kurve mit der Gleichung $y = g(x)$, wenn der Parameter alle erlaubten Werte annimmt.

Man erhält die Kurvengleichung $y = g(x)$, wenn man aus der x-Koordinate den Parameter frei rechnet und diesen Ausdruck in die y-Koordinate einsetzt.

Beispiel 1. $P\left(\frac{1}{2}a \,\middle|\, 2a^2\right)$

$$x = \frac{1}{2}a \;\wedge\; y = 2a^2$$
$$\Downarrow$$
$$a = 2x \;\Rightarrow\; y = g(x) = 2 \cdot (2x)^2 = 8x^2$$

2. $P(1 \,|\, 2a) \;\Rightarrow\;$ Die Gleichung der Kurve ist $x = 1$.

3. $P(-5a \,|\, 4) \;\Rightarrow\;$ Die Gleichung der Kurve ist $y = 4$.

2 Grenzwert und Stetigkeit

Im Folgenden wird das Verhalten von Funktionen bei Annäherung an „kritische" Werte untersucht, insbesondere das Verhalten im Unendlichen und bei Annäherung an eine Definitionslücke.

2.1 Verhalten für $x \to \pm\infty$

Funktionen mit rechts- bzw. linksseitig unbegrenzter Definitionsmenge können sich im Unendlichen unterschiedlich verhalten.

Konvergenz

Kommen die Funktionswerte f(x) einer bestimmten reellen Zahl a beliebig nahe, wenn x gegen ∞ bzw. $-\infty$ strebt, so spricht man von Konvergenz und schreibt:

$$\lim_{x \to \infty} f(x) = a \quad \text{bzw.} \quad \lim_{x \to -\infty} f(x) = a$$

Bestimmte Divergenz

Wachsen die Funktionswerte f(x) über alle Grenzen, wenn x gegen ∞ bzw. $-\infty$ strebt, so sagt man, dass f bestimmt gegen ∞ divergiert, und schreibt:

$$\lim_{x \to \infty} f(x) = \infty \quad \text{bzw.} \quad \lim_{x \to -\infty} f(x) = \infty$$

Unterschreiten die Funktionswerte f(x) jede negative reelle Zahl, wenn x gegen ∞ bzw. $-\infty$ strebt, so sagt man, dass f bestimmt gegen $-\infty$ divergiert, und schreibt:

$$\lim_{x \to \infty} f(x) = -\infty \quad \text{bzw.} \quad \lim_{x \to -\infty} f(x) = -\infty$$

Unbestimmte Divergenz

Wenn f weder konvergiert noch bestimmt divergiert, so heißt f unbestimmt divergent.

Beispiel 1. a) $\lim\limits_{x \to \infty} 2^{-x} = 0$ b) $\lim\limits_{x \to -\infty} 4^x - 1 = -1$

     c) $\lim\limits_{x \to \pm\infty} \dfrac{2x^2}{x^2+1} = 2$

2. a) $\lim\limits_{x \to \infty} 3x^2 = +\infty$ b) $\lim\limits_{x \to -\infty} \dfrac{1}{2}x^3 = -\infty$

3. $\lim\limits_{x \to \infty} \sin x$ existiert nicht (die Funktion $x \mapsto \sin x$ ist unbestimmt divergent), da die Werte der Sinusfunktion stets zwischen -1 und $+1$ schwanken.

Das Verhalten der Elementarfunktionen für $x \to \infty$ bzw. für $x \to -\infty$ ist aus dem „Katalog der Elementarfunktionen" bekannt und wird bei den folgenden Überlegungen vorausgesetzt.
Wie sieht das Verhalten bei zusammengesetzten Funktionen aus?
Dabei helfen die **Grenzwertsätze**. Wie man sie auf das Verhalten einer Funktion für $x \to \infty$ bzw. für $x \to -\infty$ anwendet, zeigen die folgenden Beispiele. Die Berechnung des Grenzwertes wird durch die Betrachtung des Graphen überprüft.

> **Grenzwert einer Summe = Summe der Grenzwerte**
> $$\lim\limits_{x \to \pm\infty} (f(x) + g(x)) = \lim\limits_{x \to \pm\infty} f(x) + \lim\limits_{x \to \pm\infty} g(x)$$

Beispiel 1. $\lim\limits_{x \to \infty} \left(\dfrac{1}{x} + \dfrac{2}{x^2} \right) = \lim\limits_{x \to \infty} \dfrac{1}{x} + \lim\limits_{x \to \infty} \dfrac{2}{x^2}$
$$= 0 + 0 = 0$$

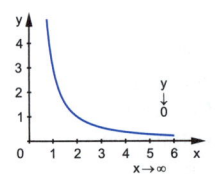

2. $\lim\limits_{x \to -\infty} \left(2 + \dfrac{1}{x^4} \right) = \lim\limits_{x \to -\infty} 2 + \lim\limits_{x \to -\infty} \dfrac{1}{x^4}$
$$= 2 + 0 = 2$$

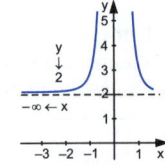

Grenzwert einer Differenz = Differenz der Grenzwerte

$$\lim_{x \to \pm\infty} (f(x) - g(x)) = \lim_{x \to \pm\infty} f(x) - \lim_{x \to \pm\infty} g(x)$$

Beispiel

1. $\lim_{x \to \infty} \left(\frac{1}{x} - \frac{x}{2}\right) = \lim_{x \to \infty} \frac{1}{x} - \lim_{x \to \infty} \frac{x}{2}$

   $= 0 - \infty = -\infty$

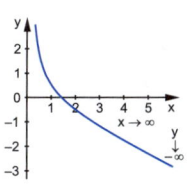

2. $\lim_{x \to -\infty} \left(\frac{1}{x} - 1\right) = \lim_{x \to -\infty} \frac{1}{x} - \lim_{x \to -\infty} 1$

   $= 0 - 1 = -1$

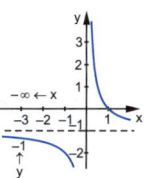

Grenzwert eines Produktes = Produkt der Grenzwerte

$$\lim_{x \to \pm\infty} (f(x) \cdot g(x)) = \lim_{x \to \pm\infty} f(x) \cdot \lim_{x \to \pm\infty} g(x)$$

Aus dem Grenzwertsatz für Produkte folgt, dass der Grenzwert einer Potenz gleich der Potenz des Grenzwertes ist.

Beispiel

1. $\lim_{x \to -\infty} (x^2 + 2x) = \lim_{x \to -\infty} x \cdot (x + 2)$

   $= \lim_{x \to -\infty} x \cdot \lim_{x \to -\infty} (x + 2)$

   $= (-\infty) \cdot (-\infty)$

   $= +\infty$

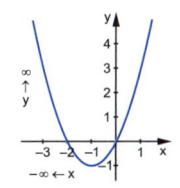

2. $\lim_{x \to -\infty} (2^x - 1)^2 = \lim_{x \to -\infty} (2^x - 1) \cdot \lim_{x \to -\infty} (2^x - 1)$

   $= (-1) \cdot (-1) = 1$

Der Grenzwert kann auch wie folgt berechnet werden:

$$\lim_{x \to -\infty} (2^x - 1)^2 = \left[\lim_{x \to -\infty} (2^x - 1) \right]^2 = (-1)^2 = 1$$

Grenzwert eines Quotienten = Quotient der Grenzwerte

$$\lim_{x \to \pm\infty} \frac{f(x)}{g(x)} = \frac{\lim\limits_{x \to \pm\infty} f(x)}{\lim\limits_{x \to \pm\infty} g(x)} \quad \wedge \quad \lim_{x \to \pm\infty} g(x) \neq 0$$

Beispiel

1. $\displaystyle \lim_{x \to -\infty} \frac{2x^2 - 3}{5x^2 + 1} = \lim_{x \to -\infty} \frac{2 - \frac{3}{x^2}}{5 + \frac{1}{x^2}}$

$\displaystyle \qquad = \frac{\lim\limits_{x \to -\infty} \left(2 - \frac{3}{x^2}\right)}{\lim\limits_{x \to -\infty} \left(5 + \frac{1}{x^2}\right)}$

$\displaystyle \qquad = \frac{\lim\limits_{x \to -\infty} 2 - \lim\limits_{x \to -\infty} \frac{3}{x^2}}{\lim\limits_{x \to -\infty} 5 + \lim\limits_{x \to -\infty} \frac{1}{x^2}} = \frac{2 - 0}{5 + 0} = \frac{2}{5} = 0,4$

Bei Verwendung dieses Grenzwertsatzes ist das Verhalten des Betrags $|x|$ zu beachten:

2. $\displaystyle \lim_{x \to \infty} \frac{\sqrt{x^2 + 2}}{2x + 3} = \lim_{x \to \infty} \frac{|x|\sqrt{1 + \frac{2}{x^2}}}{x\left(2 + \frac{3}{x}\right)} = \lim_{x \to \infty} \frac{x\sqrt{1 + \frac{2}{x^2}}}{x\left(2 + \frac{3}{x}\right)} = \lim_{x \to \infty} \frac{\sqrt{1 + \frac{2}{x^2}}}{2 + \frac{3}{x}}$

$\displaystyle \qquad\qquad = \frac{\lim\limits_{x \to \infty} \sqrt{1 + \frac{2}{x^2}}}{\lim\limits_{x \to \infty} \left(2 + \frac{3}{x}\right)} = \frac{1}{2}, \text{ weil } |x| = x \text{ für } x > 0$

$$\lim_{x \to -\infty} \frac{\sqrt{x^2+2}}{2x+3} = \lim_{x \to -\infty} \frac{|x|\sqrt{1+\frac{2}{x^2}}}{x\left(2+\frac{3}{x}\right)} = \lim_{x \to -\infty} \frac{-x\sqrt{1+\frac{2}{x^2}}}{x\left(2+\frac{3}{x}\right)}$$

$$= \lim_{x \to -\infty} \frac{-\sqrt{1+\frac{2}{x^2}}}{2+\frac{3}{x}} = \frac{\lim\limits_{x \to -\infty} -\sqrt{1+\frac{2}{x^2}}}{\lim\limits_{x \to -\infty} \left(2+\frac{3}{x}\right)}$$

$$= -\frac{1}{2}, \text{ weil } |x| = -x \text{ für } x < 0$$

Es ist sinnvoll, die folgende Zusammenstellung **häufig auftretender Grenzwerte** zu lernen. Sie gestattet zusammen mit den Grenzwertsätzen eine schnelle Bestimmung von Grenzwerten.

---

1. $\lim\limits_{x \to \pm\infty} \frac{a}{x^n} = 0, \ a \in \mathbb{R}, n \in \mathbb{N}$

2. $f(x) = \dfrac{a_n x^n + a_{n-1}x^{n-1} + \ldots + a_1 x + a_0}{b_m x^m + b_{m-1}x^{m-1} + \ldots + b_1 x + b_0}, \ a_i, b_i \in \mathbb{R}, a_n \neq 0,$
   $b_m \neq 0, n, m \in \mathbb{N}_0$

   $n < m$: $\lim\limits_{x \to \pm\infty} f(x) = 0$

   $n = m$: $\lim\limits_{x \to \pm\infty} f(x) = \dfrac{a_n}{b_m}$

   $n > m$: $\lim\limits_{x \to \pm\infty} f(x)$ nähert sich an $+\infty$ oder $-\infty$ an.

3. $f(x) = a^x$: $a > 1$: $\lim\limits_{x \to \infty} f(x) = \infty$; $\lim\limits_{x \to -\infty} f(x) = 0$

                  $0 < a < 1$: $\lim\limits_{x \to \infty} f(x) = 0$; $\lim\limits_{x \to -\infty} f(x) = \infty$

4. $f(x) = \log_a x$: $a > 1$: $\lim\limits_{x \to \infty} f(x) = \infty$

                    $0 < a < 1$: $\lim\limits_{x \to \infty} f(x) = -\infty$

5. $f(x) = \sin x$: $\lim\limits_{x \to \pm\infty} \sin x$ existiert nicht, da die Werte zwischen -1 und $+1$ schwanken.

   Entsprechendes gilt für $f(x) = \cos x$.

6. $\lim\limits_{x \to \infty} \dfrac{x^r}{e^x} = 0, \ \ r > 0$

7. $\lim\limits_{x \to \infty} \dfrac{\log_a x}{x^r} = 0, \ \ r > 0, a \in \mathbb{R}^+ \setminus \{1\}$

Mit diesen Grenzwerten kann man die folgenden Beispiele ohne weitere Rechnung lösen:

Beispiel

1. $\lim\limits_{x \to \pm\infty} \dfrac{x^2 + 2x - 1}{x^3 + x^2 - 6x + 5} = 0$ (Nr. 2: Fall $n < m$)

2. $\lim\limits_{x \to \pm\infty} \dfrac{x^2 - 2x + 5}{2x^2 + 6x - 1} = \dfrac{1}{2}$ (Nr. 2: Fall $n = m$)

3. $\lim\limits_{x \to \pm\infty} \dfrac{x^2 + 3x + 1}{2x - 1} = \pm\infty$ (Nr. 2: Fall $n > m$)

4. $\lim\limits_{x \to -\infty} 4^x = 0$ (Nr. 3: Fall $a > 1$)

5. $\lim\limits_{x \to \pm\infty} (-3x^2) = -\infty$ (Grenzwert Elementarfunktion)

6. $\lim\limits_{x \to \pm\infty} |x| = +\infty$ (Grenzwert Elementarfunktion)

7. $\lim\limits_{x \to \infty} (x^2 \cdot e^{-x}) = \lim\limits_{x \to \infty} \dfrac{x^2}{e^x} = 0$ (Nr. 6)

8. $\lim\limits_{x \to \infty} \dfrac{x^3}{\log_a x} = \infty$ (Nr. 7 und Kehrwert)

9. $\lim\limits_{x \to -\infty} \dfrac{10^{99}}{x} = 0$ (Nr. 1)

2.2 Verhalten für $x \to x_0$

Bei den Betrachtungen z. B. zu den gebrochen-rationalen Funktionen stellt sich heraus, dass es Funktionen gibt, deren Definitionsmengen bestimmte Werte x_0 nicht enthalten. Deshalb interessiert in diesem Abschnitt, wie sich der Graph einer Funktion bei der Annäherung an eine solche Stelle x_0 verhält.

> **Konvergenz**
> Streben die Funktionswerte $f(x)$ gegen eine bestimmte reelle Zahl a, wenn x gegen x_0 läuft, so sagt man „f konvergiert für $x \to x_0$ gegen a" und schreibt: $\lim\limits_{x \to x_0} \mathbf{f(x) = a}$

Zur Berechnung des Grenzwerts kann man im Funktionsterm x durch $x_0 + h$ (bzw. $x_0 - h$) ersetzen und nur Werte $h > 0$ zulassen. Streben dann die Funktionswerte $f(x_0 + h)$ (bzw. $f(x_0 - h)$) für $h \to 0$ gegen die reelle Zahl R (bzw. L), sagt man, dass f rechtsseitig gegen R (bzw. linksseitig gegen L) konvergiert, und schreibt:

$$\lim_{x \to x_0 + 0} f(x) = \lim_{x \to x_0^+} f(x) = \lim_{x \overset{>}{\to} x_0} f(x) = R$$

(bzw. $\lim\limits_{x \to x_0 - 0} f(x) = \lim\limits_{x \to x_0^-} f(x) = \lim\limits_{x \overset{<}{\to} x_0} f(x) = L$)

Der Grenzwert von f(x) für $x \to x_0$ existiert genau dann, wenn rechts- und linksseitiger Grenzwert existieren und gleich sind. Es gilt dann:

$$\lim_{x \to x_0 + 0} f(x) = \lim_{x \to x_0 - 0} f(x) = \lim_{x \to x_0} f(x)$$

1. $\lim\limits_{x \to 2 + 0} \left(\frac{1}{2} x^2 - 1\right) = 1$

   $\lim\limits_{x \to 2 - 0} \left(\frac{1}{2} x^2 - 1\right) = 1$

   $\Rightarrow \lim\limits_{x \to 2} \left(\frac{1}{2} x^2 - 1\right) = 1 = f(2)$

Beispiel

2. $\lim\limits_{x \to 1 + 0} \dfrac{x^2 - 3x + 2}{x - 1} = \lim\limits_{h \to 0} \dfrac{(1+h)^2 - 3(1+h) + 2}{(1+h) - 1}$

   $= \lim\limits_{h \to 0} \dfrac{1 + 2h + h^2 - 3 - 3h + 2}{1 + h - 1}$

   $= \lim\limits_{h \to 0} \dfrac{h^2 - h}{h} = \lim\limits_{h \to 0} \dfrac{h - 1}{1} = -1$

   $\lim\limits_{x \to 1 - 0} \dfrac{x^2 - 3x + 2}{x - 1} = \lim\limits_{h \to 0} \dfrac{(1-h)^2 - 3(1-h) + 2}{(1-h) - 1}$

   $= \lim\limits_{h \to 0} \dfrac{1 - 2h + h^2 - 3 + 3h + 2}{1 - h - 1}$

   $= \lim\limits_{h \to 0} \dfrac{h^2 + h}{-h} = \lim\limits_{h \to 0} \dfrac{h + 1}{-1} = -1$

   $\Rightarrow \lim\limits_{x \to 1} \dfrac{x^2 - 3x + 2}{x - 1} = -1$

Wegen
$$\frac{x^2 - 3x + 2}{x - 1} = \frac{(x-1)(x-2)}{x-1} = x - 2$$

kann f(x) in $D_f = \mathbb{R} \setminus \{1\}$ auch in der
Form f(x) = x − 2 geschrieben werden.
An der Stelle x = 1 liegt eine Defini-
tionslücke vor (siehe Seite 33 f.).

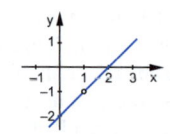

3. $\lim\limits_{x \to 0-0} 2^{\frac{1}{x}} = 0$

$\lim\limits_{x \to 0+0} 2^{\frac{1}{x}} = +\infty$

$\Rightarrow$ Der Grenzwert für $x \to 0$
existiert nicht.

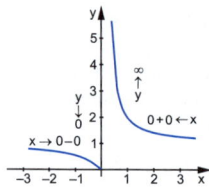

Die **Grenzwertsätze** gelten im gleichen Wortlaut wie für
$x \to \pm\infty$.

Beispiel

1. $\lim\limits_{x \to 2} (x^2 + 6x - 5) = \lim\limits_{x \to 2} x^2 + \lim\limits_{x \to 2} 6x - \lim\limits_{x \to 2} 5$

$= 4 + 12 - 5 = 11$

2. $\lim\limits_{x \to 1} \frac{x^2 - 2x + 1}{x - 1} = \lim\limits_{x \to 1} \frac{(x-1)^2}{x-1} = \lim\limits_{x \to 1} (x - 1) = 0$ in $D_f = \mathbb{R} \setminus \{1\}$

3. $f(x) = \frac{x^2 - 4x + 3}{x^2 + x - 2} = \frac{(x-1)(x-3)}{(x-1)(x+2)}$, $D_f = \mathbb{R} \setminus \{1; -2\}$

$\lim\limits_{x \to 1} f(x) = \lim\limits_{x \to 1} \frac{x - 3}{x + 2} = -\frac{2}{3}$

$\lim\limits_{x \to -2+0} f(x) = \lim\limits_{x \to -2+0} \frac{x - 3}{x + 2} = \lim\limits_{h \to 0} \frac{-2 + h - 3}{-2 + h + 2}$

$= \lim\limits_{h \to 0} \frac{-5 + h}{h} = -\infty$

$\lim\limits_{x \to -2-0} f(x) = \lim\limits_{x \to -2-0} \frac{x - 3}{x + 2} = \lim\limits_{h \to 0} \frac{-2 - h - 3}{-2 - h + 2}$

$= \lim\limits_{h \to 0} \frac{-5 - h}{-h} = \lim\limits_{h \to 0} \frac{5 + h}{h} = +\infty$

Die folgenden **Grenzwerte** sollte man kennen:

1. $\lim\limits_{x \to 0} \frac{\sin x}{x} = 1$

2. $\lim\limits_{x \to 0} (x^r \cdot \log_a x) = 0, \quad r > 0, \ a \in \mathbb{R}^+ \setminus \{1\}$

3. $\lim\limits_{x \to 0} \frac{a^x - 1}{x} = \ln a, \ a \in \mathbb{R}^+$

1. $\lim\limits_{x \to 0} \frac{\sin(2x)}{x} = \lim\limits_{x \to 0} 2 \cdot \frac{\sin(2x)}{2x} = 2 \cdot \lim\limits_{x \to 0} \frac{\sin(2x)}{2x} = 2 \cdot 1 = 2$

Beispiel

2. $\lim\limits_{x \to 0} (x^2 \cdot \ln x) = 0$

   Die quadratische Funktion konvergiert, wie jede Potenzfunktion mit positivem Exponenten, „stärker" als die Logarithmusfunktion.

2.3 Stetigkeit

Stetigkeit ist allgemein die Eigenschaft, nicht sprunghaft abzulaufen. Diese Eigenschaft wird auf Funktionen übertragen, anschaulich klar gemacht und mithilfe von Grenzwerten definiert. Bei zwei Beispielen wird der Verlauf der Graphen jeweils an der Stelle $x_0 = 1$ betrachtet.

$f_1(x) = x^2 + 1,$

$D_f = \mathbb{R}$

$f_2(x) = \begin{cases} x + 1 & \text{für } x \geq 1 \\ x & \text{für } x < 1 \end{cases},$

$D_f = \mathbb{R}$

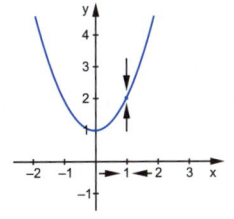

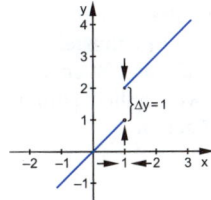

Bei der Funktion f_1 stellt man fest, dass sich die Funktionswerte bei Annäherung von links und von rechts an $x_0 = 1$ immer mehr an den Funktionswert $f(1) = 2$ annähern. Der Graph reißt nicht ab, d. h., er kann durchgehend gezeichnet werden.
Die Funktion f_1 ist an der Stelle $x_0 = 1$ stetig.

Die Funktion f_2 hat an der Stelle $x_0 = 1$ eine endliche Sprungstelle mit $\Delta y = 1$. Der Graph reißt ab, d. h., er kann nicht durchgehend gezeichnet werden.
Die Funktion f_2 ist an der Stelle $x_0 = 1$ unstetig.

Stetigkeit an der Stelle x_0
Eine Funktion $f : x \mapsto f(x)$ ist an der Stelle $x_0 \in D_f$ **stetig**, wenn sich bei Annäherung von links und bei Annäherung von rechts an den Wert x_0 jeweils der Wert $f(x_0)$ ergibt, d. h., wenn $\lim\limits_{x \to x_0 - 0} f(x) = \lim\limits_{x \to x_0 + 0} f(x) = f(x_0)$ gilt.

Anmerkungen:
- Jede Funktion, die durch einen geschlossenen Ausdruck gegeben ist, ist an jeder Stelle ihres Definitionsbereichs stetig.
- Wenn eine Funktion an einer Stelle x_0 nicht definiert ist, so ist sie dort nicht stetig.

Unstetig heißt, dass der Funktionsgraph an einer Stelle sprunghaft verläuft. Dabei können endliche oder unendliche Sprünge auftreten. Häufig kann eine Lücke im Graphen auch so geschlossen werden, dass der neue Graph stetig verläuft.

Abschnittsweise definierte Funktion und endliche Sprungstelle
Die Funktion f ist an der Stelle $x = x_0$ definiert, die Grenzwerte sind zwar endlich, stimmen aber nicht mit dem Funktionswert $f(x_0)$ überein.

$$f(x) = \begin{cases} 2x & \text{für } x < 2 \\ 5 & \text{für } x = 2, \quad D_f = \mathbb{R} \\ 8-x & \text{für } x > 2 \end{cases}$$

Beispiel

f hat an der Stelle $x_0 = 2$ eine endliche
Sprungstelle, da

$\lim\limits_{x \to 2-0} f(x) = 4,$

$\lim\limits_{x \to 2+0} f(x) = 6$ und

$\qquad f(2) = 5$

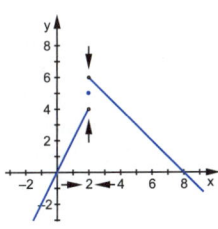

gilt und sich damit die Werte jeweils
um 1 unterscheiden.

Abschnittsweise definierte Funktion und
unendliche Sprungstelle

Die Funktion f ist an der Stelle $x = x_0$ definiert, aber ein Grenzwert ist unendlich.

$$f(x) = \begin{cases} x+1 & \text{für } x \geq 0 \\ \frac{1}{x} & \text{für } x < 0 \end{cases}, \quad D_f = \mathbb{R}$$

Beispiel

f hat an der Stelle $x_0 = 0$ eine unendliche
Sprungstelle, weil

$\lim\limits_{x \to 0-0} f(x) = -\infty,$

$\lim\limits_{x \to 0+0} f(x) = 1$ und

$\qquad f(0) = 1$

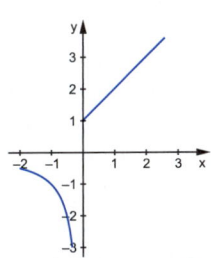

gilt. Bei Annäherung von rechts an die
Stelle $x_0 = 0$ stimmen Grenzwert und
Funktionswert überein. Die Funktion f
ist **einseitig** stetig.

Funktion mit Definitionslücke, die stetig behoben werden
kann

Die Funktion f ist an der Stelle $x = x_0$ nicht definiert, aber die
Grenzwerte stimmen überein.

Beispiel $f(x) = \frac{x^2 - 1}{x - 1}, \quad D_f = \mathbb{R} \setminus \{1\}$

An der Stelle $x_0 = 1$ liegt eine
Definitionslücke vor. Wegen

$$f(x) = \frac{x^2 - 1}{x - 1} = \frac{(x + 1)(x - 1)}{x - 1} = x + 1$$

gilt: Man kann die Definitionslücke
durch die Vorgabe $f(1) = 2$ schließen.
Man erhält eine stetige Fortsetzung f^*
der Funktion f auf ganz $\mathbb{R}$ durch die
Gleichung

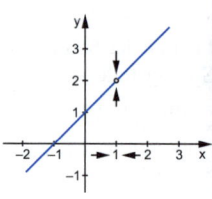

$$f^*(x) = x + 1 = \begin{cases} \dfrac{x^2 - 1}{x - 1} & \text{für } x \in \mathbb{R} \setminus \{1\} \\ 2 & \text{für } x = 1 \end{cases} \quad \text{mit } D_{f^*} = \mathbb{R}.$$

2.4 Asymptoten

Geraden, denen sich der Graph einer Funktion beliebig genau
nähert, heißen Asymptoten. Man unterscheidet drei Sorten.

Asymptoten
- Eine **senkrechte** (vertikale) Asymptote liegt an einer
  Unendlichkeitsstelle vor.
- Eine **waagrechte** (horizontale) Asymptote liegt vor, wenn
  der Grenzwert für $x \to \infty$ oder/und für $x \to -\infty$ existiert.
  Gilt z. B. $\lim\limits_{x \to \infty} f(x) = a$ bzw. $\lim\limits_{x \to -\infty} f(x) = b$, so sind $y = a$
  bzw. $y = b$ waagrechte Asymptoten.
- Eine **schiefe** (schräge) Asymptote (Gerade mit der Glei-
  chung $y = g(x) = m x + t$) liegt vor, wenn
  $\lim\limits_{x \to \pm\infty} [f(x) - g(x)] = 0$ gilt.

Beispiel 1. $f(x) = e^x$ hat für $x \to -\infty$ den Grenzwert $\lim\limits_{x \to -\infty} e^x = 0$.

$\Rightarrow \quad y = 0$ ist waagrechte Asymptote.

2. $f(x) = \ln x$ hat für $x \to 0+0$ den Grenzwert

$$\lim_{x \to 0+0} \ln x = -\infty.$$

$\Rightarrow$ $x = 0$ ist senkrechte Asymptote.

3. $f(x) = x + 1 + \frac{\ln x}{x^2}$ hat die schräge Asymptote

$y = g(x) = x + 1$, denn:

$$\lim_{x \to \pm\infty} [f(x) - g(x)] = \lim_{x \to \pm\infty} \frac{\ln x}{x^2} = 0$$

Für gebrochen-rationale Funktionen gilt allgemein:

Asymptoten gebrochen-rationaler Funktionen

Eine gebrochen-rationale Funktion der Form

$$f(x) = \frac{a_n x^n + a_{n-1} x^{n-1} + \ldots + a_1 x + a_0}{b_m x^m + b_{m-1} x^{m-1} + \ldots + b_1 x + b_0} \text{ mit } a_n, b_m \neq 0 \text{ besitzt}$$

- für $x \to \pm\infty$ die horizontale Asymptote $g: y = 0$, wenn $n < m$.
- für $x \to \pm\infty$ die horizontale Asymptote $g: y = \frac{a_n}{b_m}$, wenn $n = m$.
- für $x \to \pm\infty$ eine schräge Asymptote, wenn $n = m + 1$.
- für jede Polstelle x_0 eine vertikale Asymptote mit der Gleichung $x = x_0$.

---

1. Der Graph der gezeichneten Funktion

$f: x \mapsto \frac{2x + 3}{x - 1}, D_f = \mathbb{R} \setminus \{1\}$

hat die vertikale (senkrechte) Asymptote $x = 1$ und die horizontale (waagrechte) Asymptote $y = 2$, weil

$$\lim_{x \to 1 \pm 0} f(x) = \pm\infty \quad \text{und}$$

$$\lim_{x \to \pm\infty} f(x) = 2 \quad \text{gilt.}$$

Beispiel

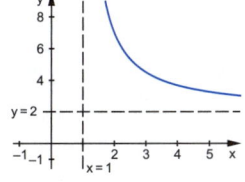

2. Der Graph der gezeichneten
   Funktion

   $f: x \mapsto \dfrac{2x^2 - x - 2}{x - 1}, \ D_f = \mathbb{R} \setminus \{1\}$

   hat die vertikale Asymptote $x = 1$,
   denn:

   $\lim\limits_{x \to 1 \pm 0} f(x) = \mp \infty,$

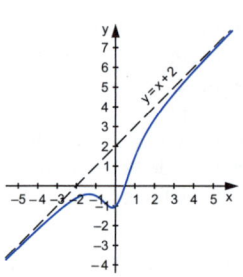

   und die schräge Asymptote $y = 2x + 1$, die man aus der
   Polynomdivision von Zähler durch Nenner erhält:

   $$(2x^2 - x - 2) : (x - 1) = 2x + 1 - \dfrac{1}{x - 1}$$
   $$\dfrac{-(2x^2 - 2x)}{x - 2}$$
   $$\dfrac{-(x - 1)}{-1}$$

   $y = 2x + 1$ ist schräge Asymptote, weil $\lim\limits_{x \to \pm\infty} \dfrac{1}{x - 1} = 0$ gilt

   und der Graph sich somit an diese Gerade annähert.

3. Die Funktion

   $y = f(x) = x + 2 - \dfrac{3}{x^2 + 1}$

   hat die schiefe Asymptote
   $y = x + 2$, weil

   $\lim\limits_{x \to \pm\infty} \dfrac{3}{x^2 + 1} = 0$

   gilt und der Graph sich somit an
   die Gerade $y = x + 2$ annähert.

3 Differenzieren reeller Funktionen

Auch wenn das Tangentenproblem als Aufgabe der Differenzialrechnung seit alten Zeiten bekannt war, bereitet der infinitesima-
le Übergang von der Sekanten- zur Tangentensteigung rechen-
technische Schwierigkeiten. Diese Probleme wurden erst Ende
des 17. Jahrhunderts von Isaac Newton und Gottfried Wilhelm
Leibniz unabhängig voneinander gelöst. Ihre Arbeiten erlaubten
eine Abstraktion auf einen von der Anschauung unabhängigen
Kalkül, sodass man diesen Zeitpunkt als die Geburtsstunde der
Differenzialrechnung betrachtet.

3.1 Steigung und Ableitung

Bei einer Funktion f interessiert man sich nicht nur für den
Funktionswert an einer Stelle x_0, sondern auch dafür, welche
Änderungstendenz die Funktion an dieser Stelle hat: Nimmt sie
zu oder nimmt sie ab und wie „groß" ist diese Änderung?

An der nebenstehenden Skizze er-
kennt man, dass die Steilheit, d. h.
die Steigung des Graphen G_f an
der Stelle x_0, ein geeignetes Maß
dieser Änderungstendenz ist.

Der Begriff der Steigung ist von
der linearen Funktion, d. h. von der
Geraden her bekannt. Dort gilt:

$$m = \frac{y_1 - y_0}{x_1 - x_0} = \frac{f(x_1) - f(x_0)}{x_1 - x_0} = \frac{\Delta y}{\Delta x}$$

$\wedge \ \tan \alpha = m$

Bei einem gekrümmten Graphen
kann man diesen durch ein Gera-
denstück, eine Sekante, ersetzen.
Der Term

$$\frac{\Delta y}{\Delta x} = \frac{f(x) - f(x_0)}{x - x_0} = \frac{f(x_0 + h) - f(x_0)}{h}$$

heißt **Differenzenquotient**.

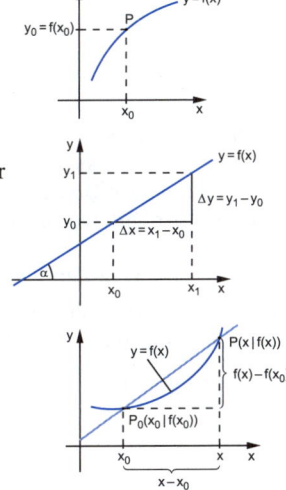

Die Steigung der Sekante nähert sich immer mehr der **Steigung der Tangente** an, wenn der Punkt Q auf den Punkt P_0 zuwandert. Diese Tangentensteigung wird als **Steigung der Kurve** mit der Gleichung $y = f(x)$ im Punkt $P(x_0 | y_0)$ definiert.

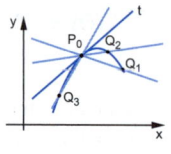

Ableitung

Der Grenzwert des Differenzenquotienten

$$m = \lim_{\Delta x \to 0} \frac{\Delta y}{\Delta x} = \lim_{x \to x_0} \frac{f(x) - f(x_0)}{x - x_0} = \lim_{h \to 0} \frac{f(x_0 + h) - f(x_0)}{h}$$

$$= f'(x_0)$$

heißt **Differenzialquotient**, wird mit $f'(x_0)$ bezeichnet und gibt die Steigung der Tangente und damit die Steigung der Kurve im Punkt $P_0(x_0 | f(x_0))$ an.

Die Funktion f heißt an der Stelle x_0 **differenzierbar** und $f'(x_0)$ heißt die **Ableitung** von f an der Stelle x_0.

Anmerkung:

Bei einer zeitabhängigen Größe $y = f(x)$ ist die **mittlere Änderungsrate** die Änderung der Größe y zwischen zwei Zeiten x_1 und x_2, entspricht also der Steigung $m_s = \frac{\Delta y}{\Delta x}$ der Sekante, dem Differenzquotienten.

Die **momentane** oder **lokale Änderungsrate** ist die auf einen Zeitpunkt x_0 („sehr kurzer Zeitraum Δx") bezogene Änderung der zeitabhängigen Größe y, d. h. die Steigung $m_t = \lim_{\Delta x \to 0} \frac{\Delta y}{\Delta x}$ der Tangente (der Differenzialquotient).

Beispiel Ist $s = s(t)$ eine Weg-Zeit-Funktion, dann ist $\overline{v} = \frac{\Delta s}{\Delta t}$ die mittlere Änderungsrate (d. h. die mittlere Geschwindigkeit) und $v = \lim_{\Delta t \to 0} \frac{\Delta s}{\Delta t}$ die momentane Änderungsrate (d. h. die Momentangeschwindigkeit).

Mit den einführenden Überlegungen ergibt sich:

Steigung und Gleichung der Tangente
Die Gleichung der **Tangente t** in einem Punkt $P_0(x_0 | f(x_0))$
bestimmt man wie folgt: Man wählt einen beliebigen Punkt
$P(x | f(x))$ auf dem Graphen und bildet den Differenzenquotienten

$\frac{\Delta y}{\Delta x} = \frac{f(x) - f(x_0)}{x - x_0}$ (Steigung der Sekante).

Die **Tangentensteigung** erhält man aus

$m = \lim\limits_{x \to x_0} \frac{\Delta y}{\Delta x} = f'(x_0)$.

Die **Tangentengleichung** durch den Punkt $P_0(x_0 | f(x_0))$
erhält man über t: $y = m \cdot (x - x_0) + y_0 \ \wedge \ m = f'(x_0)$

Bestimmen Sie die Gleichung der Tangente t im Punkt $P_0(2 | 2)$ **Beispiel**
des Graphen der Funktion f mit $y = \frac{1}{2} x^2$.

Lösung:
Man wählt einen beliebigen Punkt $P\left(x \ \middle| \ \frac{1}{2} x^2\right)$ und bildet den
Differenzenquotienten:

$\frac{\Delta y}{\Delta x} = \frac{\frac{1}{2} x^2 - 2}{x - 2} = \frac{\frac{1}{2}(x - 2)(x + 2)}{x - 2} = \frac{1}{2}(x + 2)$

Die Tangentensteigung erhält
man als:

$m = f'(2) = \lim\limits_{x \to 2} \frac{\Delta y}{\Delta x} = 2$

Damit ergibt sich als gesuchte
Tangentengleichung:
t: $y = 2 \cdot (x - 2) + 2 = 2x - 2$
Im Scheitel $S(0 | 0)$ der Parabel
liegt eine waagrechte Tangente
vor, d. h., die Steigung ist null.
Es gilt also:
$f'(0) = 0 \ \wedge \ $ t: $y = 0$

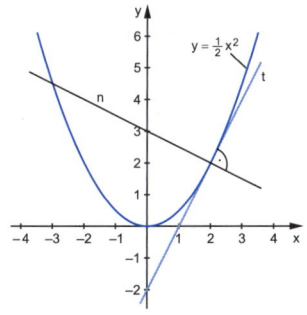

Wenn die Richtung der Tangente t festliegt, kennt man auch die Lotrichtung. Es gilt:

Normale
Die Gerade n durch einen Punkt $P_0(x_0 \mid f(x_0))$, die senkrecht auf der Tangente t steht, heißt Normale. Für ihre Steigung gilt:
$m_n = -\dfrac{1}{m_t}$

Beispiel Bestimmen Sie die Gleichung der Normalen n zur Tangente t im Punkt $P_0(2 \mid 2)$ der Funktion f: $y = \frac{1}{2}x^2$.

Lösung:
Im letzten Beispiel wurde berechnet: $m_t = 2$. Daraus folgt:
$m_n = -\frac{1}{2} \quad \Rightarrow \quad y = -\frac{1}{2} \cdot (x - 2) + 2 = -\frac{1}{2}x + 3$

Mit der Steigung m der Tangente t liegt der Schnittwinkel mit der x-Achse und damit auch der mit der y-Achse fest. Es gilt:

Schnittwinkel mit den Koordinatenachsen
- Die Tangente t mit der Steigung m schneidet die **x-Achse** unter dem **Schnittwinkel α**, für den gilt: $\tan\alpha = m$ $(0° < \alpha < 180°)$.
- Unter dem **Schnittwinkel β** einer Geraden mit der **y-Achse** versteht man den **spitzen** Winkel $(0° < \beta < 90°)$, den die Gerade und die y-Achse einschließen.

$m > 0$:

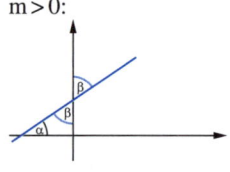

$m < 0$:

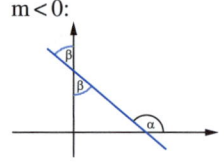

Für $m > 0$ gilt:
$\beta = 90° - \alpha$

Für $m < 0$ gilt:
$\beta = 90° - (180° - \alpha) = \alpha - 90°$

Eine Gerade hat die Steigung $m = 2$.
Bestimmen Sie die Schnittwinkel mit den Koordinatenachsen.

Lösung:
$\tan\alpha = 2 \Rightarrow \alpha = 63{,}43°$
Es gilt: $\beta = 90° - 63{,}43 = 26{,}57°$

3.2 Differenzierbarkeit an einer Nahtstelle

Aus der Definition der Differenzierbarkeit folgt die Stetigkeit
einer Funktion f: Die Annäherung an die Stelle x_0 von links und
von rechts muss auf den gleichen Grenzwert führen.

> **Stetigkeit und Differenzierbarkeit**
> Eine in x_0 differenzierbare Funktion f muss in x_0 stetig sein.
> Die Ableitung einer Funktion ist nur im Inneren von D_f defi-
> niert, an Randpunkten existiert nur ein einseitiger Grenzwert.
> An einer isolierten Stelle x_0 ist eine Funktion f nicht diffe-
> renzierbar.

An der Nahtstelle einer abschnittsweise definierten Funktion kann man
nur dann eine Tangente zeichnen,
wenn die Funktion stetig ist und die
beiden Äste des Graphen die gleiche
Steigung besitzen. Es gilt folglich:

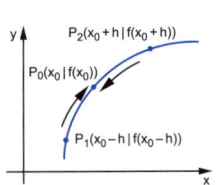

> **Differenzierbarkeit an einer Nahtstelle**
> Eine **abschnittsweise definierte Funktion** f ist an einer
> Nahtstelle $x = x_0$ differenzierbar, wenn gilt:
> - f ist für $x = x_0$ stetig und
> - $\lim\limits_{x \to x_0 + 0} \dfrac{\Delta y}{\Delta x} = \lim\limits_{x \to x_0 - 0} \dfrac{\Delta y}{\Delta x} = f'(x_0)$.

Beispiel 1. $f(x) = \begin{cases} x-1 & \text{für} \quad x \le 1 \\ x+1 & \text{für} \quad x > 1 \end{cases}$, $D_f = \mathbb{R}$

Existiert $f'(1)$?

Lösung:
Obwohl

$$\lim_{x \to 1+0} \frac{\Delta y}{\Delta x} = \lim_{x \to 1-0} \frac{\Delta y}{\Delta x} = 1 \quad \text{(konstante Geradensteigung)}$$

gilt, ist die Funktion f an der Stelle $x_0 = 1$ nicht differenzierbar, weil sie dort unstetig ist.

Es gilt dort:

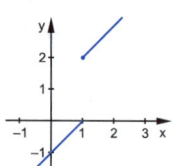

$$\lim_{x \to 1-0} f(x) = f(1) = 0$$
$$\lim_{x \to 1+0} f(x) = 2$$

Für $x = 1$ liegt eine endliche Sprungstelle vor. Der Graph bestätigt die Rechnung.

Das folgende Beispiel zeigt: **Eine stetige Funktion muss nicht notwendig differenzierbar sein.**

2. $f(x) = \begin{cases} x^2 & \text{für} \quad x \ge 1 \\ 2-x & \text{für} \quad x < 1 \end{cases}$, $D_f = \mathbb{R}$

Existiert $f'(1)$?

Lösung:

$$\left.\begin{array}{l} \lim\limits_{x \to 1+0} f(x) = 1 \\[4pt] \lim\limits_{x \to 1-0} f(x) = 1 \\[4pt] f(1) = 1 \end{array}\right\} \text{f ist für } x_0 = 1 \text{ stetig.}$$

Rechtsseitiger Steigungswert mit $P_1(x \mid x^2)$:

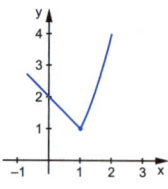

$$\lim_{x \to 1+0} \frac{\Delta y}{\Delta x} = \lim_{x \to 1+0} \frac{x^2-1}{x-1}$$
$$= \lim_{x \to 1+0} \frac{(x+1)(x-1)}{x-1}$$
$$= \lim_{x \to 1+0} (x+1) = 2$$

Linksseitiger Steigungswert mit $P_2(x \mid 2-x)$:

$$\lim_{x \to 1-0} \frac{\Delta y}{\Delta x} = -1 \quad \text{(konstante Geradensteigung)}$$

Die Grenzwerte stimmen nicht überein, d. h., es gibt an der Nahtstelle $x_0 = 1$ keine Ableitung. Der Graph G_f ist zwar stetig, hat aber an der Stelle $x_0 = 1$ einen „Knick".

3.3 Ableitungsfunktion

Fragt man nicht nach der Steigung in einem bestimmten Punkt, sondern in einem beliebigen Punkt $P_0(x_0 \mid f(x_0))$, so wird jedem x_0 eindeutig eine Ableitung $f'(x_0)$ zugeordnet, die über

$$f'(x_0) = \lim_{x \to x_0} \frac{f(x) - f(x_0)}{x - x_0}$$

bestimmt wird. Diese Zuordnung ist eine Funktion. Es wird festgelegt:

Ableitungsfunktion
Die Menge aller $x \in D_f$, in denen eine Ableitung f' existiert, heißt **Differenzierbarkeitsmenge $D_{f'}$**.
Die Funktion $f': x \mapsto f'(x)$, $x \in D_{f'}$ heißt **Ableitungsfunktion**.

Für die Ableitungsfunktion kennt man die symbolische Schreibweise nach Leibniz:

$$f'(x) = \frac{d\,f(x)}{dx} = \frac{d}{dx} f(x) = \frac{dy}{dx} = y' \qquad \text{Gelesen: „dy nach dx"}$$

Auf Seite 39 wurde die Steigung der Tangente (die Ableitung) der Funktion

$$f: x \mapsto f(x) = \frac{1}{2} x^2$$

im Punkt $P_0(2 \mid 2)$ berechnet. Was ergibt die Ableitung in einem beliebigen Punkt $P_0\left(x_0 \mid \frac{1}{2} x_0^2\right)$?

Beispiel

Lösung:

Wie bei der Berechnung der Ableitung wird ein Punkt

$P\left(x \mid \frac{1}{2}x^2\right)$ des Graphen von f verwendet und der Grenzwert

des Differenzquotienten gebildet:

$$f'(x_0) = \lim_{x \to x_0} \frac{\frac{1}{2}x^2 - \frac{1}{2}x_0^2}{x - x_0} = \lim_{x \to x_0} \frac{\frac{1}{2}(x^2 - x_0^2)}{x - x_0}$$

$$= \lim_{x \to x_0} \frac{\frac{1}{2}(x - x_0)(x + x_0)}{x - x_0} = \lim_{x \to x_0} \frac{1}{2}(x + x_0) = x_0$$

$\Rightarrow f'(x) = x$

Ableitungsfunktionen von Elementarfunktionen

1. $f(x) = c \wedge c \in \mathbb{R}$ $\Rightarrow f'(x) = 0$

2. $f(x) = x$ $\Rightarrow f'(x) = 1$

3. $f(x) = x^2$ $\Rightarrow f'(x) = 2x$

4. $f(x) = x^3$ $\Rightarrow f'(x) = 3x^2$

5. Allgemein (Potenzregel):
   $f(x) = x^n \wedge n \in \mathbb{N} \Rightarrow f'(x) = n \cdot x^{n-1}$
   Diese Ableitungsregel lässt sich auf alle $n \in \mathbb{R} \setminus \{0\}$
   erweitern!

6. $f(x) = \frac{1}{x}$ $\Rightarrow f'(x) = -\frac{1}{x^2}$

7. $f(x) = \sqrt{x}$ $\Rightarrow f'(x) = \frac{1}{2\sqrt{x}}$

8. $f(x) = \sin x$ $\Rightarrow f'(x) = \cos x$

9. $f(x) = \cos x$ $\Rightarrow f'(x) = -\sin x$

10. $f(x) = e^x$ $\Rightarrow f'(x) = e^x$

11. $f(x) = a^x$ $\Rightarrow f'(x) = a^x \cdot \ln a$

12. $f(x) = \ln x$ $\Rightarrow f'(x) = \frac{1}{x}$

13. $f(x) = \log_a x$ $\Rightarrow f'(x) = \frac{1}{x \cdot \ln a}$

3.4 Ableitungsregeln

Im Allgemeinen setzen sich Funktionen, die in der Praxis benötigt werden, aus Elementarfunktionen zusammen. Zur Differenziation solcher Funktionen benötigt man die folgenden Ableitungsregeln.
Im Folgenden wird davon ausgegangen, dass die Funktionen
g: $x \mapsto g(x)$ und h: $x \mapsto h(x)$ in einem gemeinsamen Bereich D' differenzierbar sind.

Ableitung von Summe und Differenz zweier Funktionen
$f(x) = g(x) \pm h(x) \implies f'(x) = g'(x) \pm h'(x)$
Die Ableitung einer Summe (Differenz) ist gleich der
Summe (Differenz) der Ableitungen.

$f(x) = x^3 + x^2 - x + 5 \implies f'(x) = 3x^2 + 2x - 1$ **Beispiel**

Ableitung einer Funktion mit konstantem Faktor
$f(x) = k \cdot g(x) \implies f'(x) = k \cdot g'(x)$
Der konstante Faktor bleibt erhalten.

---

1. $f(x) = 6x^3 + 2x^2 - 8x + 5 \implies f'(x) =$ **Beispiel**
$= 6 \cdot (3x^2) + 2 \cdot (2x) - 8 \cdot (1)$
$= 18x^2 + 4x - 8$

2. $f(x) = 2x^2 + \frac{4}{x}$ $\implies f'(x) = 4x - \frac{4}{x^2}$

3. $f(x) = 6\sqrt{x} - 3x + 2$ $\implies f'(x) = \frac{3}{\sqrt{x}} - 3$

4. $f(x) = 2\sin x - 3x$ $\implies f'(x) = 2\cos x - 3$

> **Produktregel**
> $f(x) = g(x) \cdot h(x) \implies f'(x) = g'(x) \cdot h(x) + g(x) \cdot h'(x)$

Beispiel 1. $f(x) = x^2 \cdot (2x^2 - 3x + 2)$

Mit der Produktregel:

$$\begin{aligned} f'(x) &= 2x \cdot (2x^2 - 3x + 2) + x^2 \cdot (4x - 3) \\ &= 4x^3 - 6x^2 + 4x + 4x^3 - 3x^2 \\ &= 8x^3 - 9x^2 + 4x \end{aligned}$$

Direkt:

$$\begin{aligned} f(x) &= x^2 \cdot (2x^2 - 3x + 2) \\ &= 2x^4 - 3x^3 + 2x^2 \\ \implies f'(x) &= 8x^3 - 9x^2 + 4x \end{aligned}$$

2. $f(x) = x \cdot \sin x$

Kann nur mit der Produktregel differenziert werden:

$f'(x) = 1 \cdot \sin x + x \cdot \cos x = \sin x + x \cdot \cos x$

3. $f(x) = x^2 \cdot e^x$

$f'(x) = 2x \cdot e^x + x^2 \cdot e^x = (2x + x^2) \cdot e^x$

4. $f(x) = x \cdot \ln x$

$f'(x) = 1 \cdot \ln x + x \cdot \frac{1}{x} = \ln x + 1$

> **Quotientenregel**
> $f(x) = \frac{g(x)}{h(x)} \;\land\; h(x) \neq 0 \implies f'(x) = \frac{g'(x) \cdot h(x) - g(x) \cdot h'(x)}{[h(x)]^2}$

Anmerkung:

Den Nenner in der Ableitung lässt man immer als Potenz stehen, der Zähler wird ausmultipliziert und zusammengefasst.

Beispiel 1. $f(x) = \frac{x^2 - 1}{x^2 + 1}$, $D_f = \mathbb{R}$

$$f'(x) = \frac{2x(x^2 + 1) - (x^2 - 1) \cdot 2x}{(x^2 + 1)^2} = \frac{2x^3 + 2x - 2x^3 + 2x}{(x^2 + 1)^2} = \frac{4x}{(x^2 + 1)^2}$$

2. $f(x) = \frac{x^2}{2-x}, \ D_f = \mathbb{R} \setminus \{2\}$

$f'(x) = \frac{2x(2-x) - x^2 \cdot (-1)}{(2-x)^2} = \frac{4x - 2x^2 + x^2}{(2-x)^2} = \frac{4x - x^2}{(2-x)^2}$

3. $f(x) = \frac{1}{x+2}, \ D_f = \mathbb{R} \setminus \{-2\}$

$f'(x) = \frac{0 \cdot (x+2) - 1 \cdot 1}{(x+2)^2} = \frac{-1}{(x+2)^2}$

4. $f(x) = \frac{e^x}{x}, \ D_f = \mathbb{R} \setminus \{0\}$

$f'(x) = \frac{e^x \cdot x - e^x \cdot 1}{x^2} = \frac{e^x(x-1)}{x^2}$

Kettenregel
$f(x) = g(h(x)) \ \Rightarrow \ f'(x) = g'(h(x)) \cdot h'(x)$

Anmerkung:
Die Kettenregel kann auch symbolisch in der Leibniz-Form
angegeben werden:

$\frac{dy}{dx} = \frac{dy}{du} \cdot \frac{du}{dx}$ bzw. mehrfach: $\frac{dy}{dx} = \frac{dy}{du} \cdot \frac{du}{dv} \cdot \frac{dv}{...} \cdot ... \cdot \frac{...}{dx}$

1. $f(x) = (x^2+1)^2$ mit $h(x) = x^2+1$ und $g(u) = u^2$ **Beispiel**
$f'(x) = 2 \cdot h(x) \cdot h'(x) = 2 \cdot (x^2+1) \cdot 2x = 4x(x^2+1) = 4x^3 + 4x$

2. $f(x) = \sqrt{3x^3 + 5x^2}$ mit $h(x) = 3x^3 + 5x^2$ und $g(u) = \sqrt{u}$

$f'(x) = \frac{1}{2\sqrt{h(x)}} \cdot h'(x) = \frac{1}{2\sqrt{3x^3 + 5x^2}} \cdot (9x^2 + 10x) = \frac{9x^2 + 10x}{2\sqrt{3x^3 + 5x^2}}$

3. $f(x) = \sin(3x)$ mit $h(x) = 3x$ und $g(u) = \sin u$
$f'(x) = \cos(h(x)) \cdot h'(x) = \cos(3x) \cdot 3 = 3 \cdot \cos(3x)$
Es gilt allgemein:

$f(x) = \sin(k \cdot x) \ \Rightarrow \ f'(x) = k \cdot \cos(k \cdot x)$
$f(x) = \cos(k \cdot x) \ \Rightarrow \ f'(x) = -k \cdot \sin(k \cdot x)$

---

4. $f(x) = \dfrac{x^2}{(x-1)^2}$, $D_f = \mathbb{R} \setminus \{1\}$

Verwendung der Quotientenregel und der Kettenregel:

$$f'(x) = \frac{2x(x-1)^2 - x^2 \cdot 2(x-1)}{(x-1)^4} = \frac{(x-1)[2x^2 - 2x - 2x^2]}{(x-1)^4} = \frac{-2x}{(x-1)^3}$$

5. $f(x) = x^2 \cdot \sin\sqrt{x}$, $D_f = \mathbb{R}_0^+$

Verwendung der Produktregel und der Kettenregel:

$$f'(x) = 2x \cdot \sin\sqrt{x} + x^2 \cdot \cos\sqrt{x} \cdot \frac{1}{2\sqrt{x}}$$
$$= 2x\sin\sqrt{x} + \frac{x^2}{2\sqrt{x}}\cos\sqrt{x}$$

6. $f(x) = \sqrt{\sin(3x^2)}$, $D_f = \mathbb{R}$

Zweimalige Verwendung der Kettenregel:

$$f'(x) = \frac{1}{2\sqrt{\sin(3x^2)}} \cdot \cos(3x^2) \cdot 6x = \frac{3x \cdot \cos(3x^2)}{\sqrt{\sin(3x^2)}}$$

7. $f(x) = x \cdot e^{-\frac{1}{2}x^2}$, $D_f = \mathbb{R}$

Verwendung der Produktregel und der Kettenregel:

$$f'(x) = 1 \cdot e^{-\frac{1}{2}x^2} + x \cdot e^{-\frac{1}{2}x^2} \cdot (-x) = e^{-\frac{1}{2}x^2}(1 - x^2)$$

8. $f(x) = \dfrac{\ln(1-x^2)}{x}$, $D_f = {]-1; 1[} \setminus \{0\}$

Verwendung der Quotientenregel und der Kettenregel:

$$f'(x) = \frac{\frac{1}{1-x^2} \cdot (-2x) \cdot x - \ln(1-x^2) \cdot 1}{x^2} = \frac{\frac{-2x^2 - (1-x^2)\ln(1-x^2)}{1-x^2}}{x^2}$$
$$= -\frac{2x^2 + (1-x^2)\ln(1-x^2)}{x^2(1-x^2)}$$

3.5 Höhere Ableitungen

Häufig ist die Ableitungsfunktion f' einer Funktion f wieder differenzierbar. Für die Ableitungsfunktion der Ableitungsfunktion f' schreibt man $(f'(x))' = f''(x)$ und nennt diese **Ableitungsfunktion 2. Ordnung** oder **2. Ableitung**. Es wird festgelegt:

Höhere Ableitungen

Die Ableitungsfunktion f' einer Funktion f wird als **1. Ableitung** bezeichnet.

Ist auch f' differenzierbar, so erhält man die **2. Ableitung** f" von f.

Existiert die n-te Ableitung $f^{(n)}(x)$, dann heißt die Funktion f **n-mal differenzierbar**.

Beispiel

1. $f(x) = 2x^3 - \frac{1}{2}x^2 + 3x, \ D_f = \mathbb{R}$

   $f'(x) = 6x^2 - x + 3$
   $f''(x) = 12x - 1$
   $f'''(x) = 12$
   $f^{(4)}(x) = 0$
   usw.

2. $f(x) = \sin x, \ D_f = \mathbb{R}$

   $f'(x) = \cos x$
   $f''(x) = -\sin x$
   $f'''(x) = -\cos x$
   $f^{(4)}(x) = \sin x = f(x)$ usw.

3. $f(x) = \frac{2x^2 - 8}{x^2 - 2}, \ D_f = \mathbb{R} \setminus \{\pm\sqrt{2}\}$

   $f'(x) = \frac{4x(x^2-2) - (2x^2-8) \cdot 2x}{(x^2-2)^2} = \frac{4x^3 - 8x - 4x^3 + 16x}{(x^2-2)^2} = \frac{8x}{(x^2-2)^2}$

   $f''(x) = \frac{8 \cdot (x^2-2)^2 - 8x \cdot 2(x^2-2) \cdot 2x}{(x^2-2)^4} = \frac{(x^2-2) \cdot [8x^2 - 16 - 32x^2]}{(x^2-2)^4}$

   $= \frac{-24x^2 - 16}{(x^2-2)^3}$

4. $f(x) = \sqrt{x^2+1}, \ D_f = \mathbb{R}$

   $f'(x) = \frac{1}{2\sqrt{x^2+1}} \cdot 2x = \frac{x}{\sqrt{x^2+1}}$

   $f''(x) = \frac{1 \cdot \sqrt{x^2+1} - x \cdot \frac{1}{2\sqrt{x^2+1}} \cdot 2x}{(\sqrt{x^2+1})^2} = \frac{\sqrt{x^2+1} - \frac{x^2}{\sqrt{x^2+1}}}{x^2+1} = \frac{\frac{x^2+1-x^2}{\sqrt{x^2+1}}}{x^2+1}$

   $= \frac{1}{(x^2+1) \cdot \sqrt{x^2+1}} = \frac{1}{\sqrt{(x^2+1)^3}}$

5. $f(x) = x \cdot e^{-x}, \quad D_f = \mathbb{R}$

$f'(x) = 1 \cdot e^{-x} + x \cdot e^{-x} \cdot (-1) = (1-x) \cdot e^{-x}$

$f''(x) = -1 \cdot e^{-x} + (1-x) \cdot e^{-x} \cdot (-1) = e^{-x}(-1-1+x)$

$\qquad = (x-2) \cdot e^{-x}$

3.6 Monotonie und Extremwerte

Wenn eine Funktion f in einem Punkt $P_0(x_0 \mid f(x_0))$ eine **positive** Tangenten- steigung besitzt, dann gibt es eine Um- gebung von x_0, in der f streng monoton **zunehmend (wachsend)** ist. Es gilt:

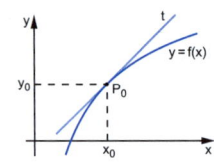

> **Streng monoton zunehmende Funktion**
> $f'(x) > 0$ für $x \in \,]a; b[\;\Rightarrow\; f$ ist in $I = \,]a; b[$ streng monoton zunehmend.

Beispiel $f(x) = \ln x, \quad D_f = \mathbb{R}^+$

$f'(x) = \frac{1}{x} > 0$ für $x \in \mathbb{R}^+ \;\Rightarrow\;$ f ist streng monoton zunehmend.

Wenn eine Funktion f in einem Punkt $P_0(x_0 \mid f(x_0))$ eine **negative** Tangenten- steigung besitzt, dann gibt es eine Um- gebung von x_0, in der f streng monoton **abnehmend (fallend)** ist. Es gilt:

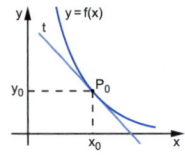

> **Streng monoton abnehmende Funktion**
> $f'(x) < 0$ für $x \in \,]a; b[\;\Rightarrow\; f$ ist in $I = \,]a; b[$ streng monoton abnehmend.

Beispiel $f(x) = e^{-x}, \quad D_f = \mathbb{R}$

$f'(x) = -e^{-x} < 0$ für $x \in \mathbb{R} \;\Rightarrow\;$ f ist streng monoton abnehmend.

Im Falle $f'(x) = 0$ liegt eine **waagrechte (horizontale) Tangente** vor.

1. $f(x) = x^2 - 2x + 2$
   $f'(x) = 2x - 2$
   waagrechte Tangente für $f'(x) = 0$,
   d. h. für $x = 1$;
   $f'(x) < 0$ für $x < 1$ und
   $f'(x) > 0$ für $x > 1$.

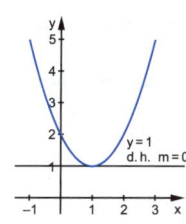

2. $f(x) = x^3 - 3x^2 + 3x$
   $f'(x) = 3x^2 - 6x + 3$
   waagrechte Tangente für
   $f'(x) = 0$, d. h. für $x = 1$;
   ansonsten $f'(x) > 0$ für alle
   $x \neq 1$.

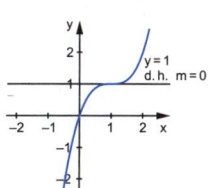

Wenn eine Funktion f an einer
Stelle $x = x_0$ einen **Extremwert**
besitzen soll, dann ist es notwendig, dass eine waagrechte Tangente vorliegt, d. h. $f'(x_0) = 0$ gilt. Ein
Extremwert liegt im Falle von
$f'(x_0) = 0$ nur dann vor, wenn das
Wachsen in Fallen (relatives Maxi-

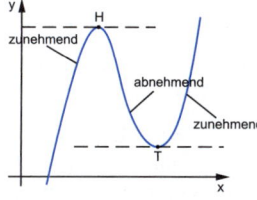

mum oder Hochpunkt) bzw. das Fallen in Wachsen (relatives
Minimum oder Tiefpunkt) übergeht, d. h., wenn die 1. Ableitung
f' an der Stelle $x = x_0$ ihr Vorzeichen ändert.

Extrema
- Der Graph G_f einer in $x = x_0$ differenzierbaren Funktion f
  besitzt bei x_0 einen **Hochpunkt**, wenn f' an der Stelle x_0
  das Vorzeichen vom Positiven ins Negative wechselt.
- Der Graph G_f einer in $x = x_0$ differenzierbaren Funktion f
  besitzt bei x_0 einen **Tiefpunkt**, wenn f' an der Stelle x_0
  das Vorzeichen vom Negativen ins Positive wechselt.

Zur Berechnung der Extremwerte bildet man die 1. Ableitung und setzt diese gleich null, d. h., man löst die Gleichung $f'(x_0) = 0$. Die sich ergebenden Nullstellen werden auf Vorzeichenwechsel untersucht.

Beispiel 1. $f(x) = x^3 - 3x^2$, $D_f = \mathbb{R}$

$f'(x) = 3x^2 - 6x$

$f'(x) = 0$: $3x(x-2) = 0$

$\Rightarrow x = 0 \lor x = 2$

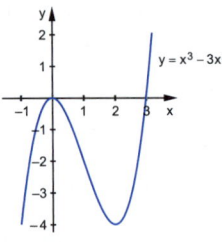

Monotoniebereiche:

$f'(x) > 0$ für $x \in \,]-\infty; 0\,[\, \cup \,]2; \infty\,[$

$\Rightarrow$ streng monoton zunehmend

$f'(x) < 0$ für $x \in \,]0; 2\,[$

$\Rightarrow$ streng monoton abnehmend

f' wechselt sowohl in $x = 0$ als auch in $x = 2$ das Vorzeichen. Mit $f(0) = 0$ und $f(2) = -4$ sowie der Monotonie folgt:

Hochpunkt (relatives Maximum) H(0|0)

Tiefpunkt (relatives Minimum) T(2|−4)

An Stellen, an denen f nicht differenzierbar ist, müssen gesonderte Untersuchungen ausgeführt werden.

2. $f(x) = |x|$, $D_f = \mathbb{R}$

Die Funktion f ist an der Stelle $x = 0$ nicht differenzierbar. Am Graphen erkennt man, dass der Punkt T(0|0) ein Tiefpunkt ist, weil f für $x = 0$ stetig ist und dort das Fallen in Wachsen übergeht.

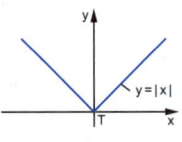

3.7 Krümmung und Wendepunkte

Die 2. Ableitung f" ist die 1. Ableitung der Ableitungsfunktion f'. Die 2. Ableitung gibt folglich die Änderungstendenz der Steigung an. Dabei gilt:

Krümmung

Der Graph G_f einer Funktion f heißt im Intervall] a; b [**rechtsgekrümmt**, wenn die Steigung der Tangente in diesem Intervall streng monoton abnimmt, **linksgekrümmt**, wenn sie streng monoton zunimmt.

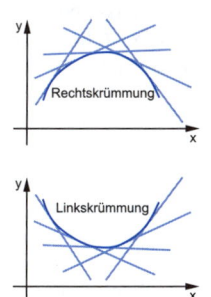

Es gilt:
$f''(x) < 0$ für $x \in I \implies$
G_f ist in I rechtsgekrümmt.
$f''(x) > 0$ für $x \in I \implies$
G_f ist in I linksgekrümmt.

Für die Funktion f mit $f(x) = x^3 - 3x^2$, $D_f = \mathbb{R}$ ist $f''(x) = 6x - 6$:
für $x < 1$ ist $f''(x) < 0$: Rechtskrümmung
für $x > 1$ ist $f''(x) > 0$: Linkskrümmung
Die Krümmung kann am Graphen bestätigt werden.

Beispiel

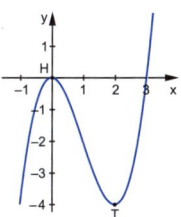

Aus dem Krümmungsverhalten einer Funktion kann man auf die Art eines Extremwertes schließen. Ausreichende Erkennungsmerkmale für Extrempunkte ergeben sich aus den obigen Bildern.

Extremwerte

$f'(x_0) = 0 \;\wedge\; f''(x_0) > 0$
$\implies$ f hat für $x = x_0$ ein **lokales Minimum** (G_f hat einen Tiefpunkt), weil eine waagrechte Tangente und Linkskrümmung vorliegen.

$f'(x_0) = 0 \;\wedge\; f''(x_0) < 0$
$\implies$ f hat für $x = x_0$ ein **lokales Maximum** (G_f hat einen Hochpunkt), weil eine waagrechte Tangente und Rechtskrümmung vorliegen.

Beispiel Bei der Funktion $f: x \mapsto f(x) = x^3 - 3x^2$, $D_f = \mathbb{R}$, liegen die
Extrempunkte bei $x = 0$ bzw. $x = 2$. Die 2. Ableitung
$f''(x) = 6x - 6$ liefert (genauso wie die Monotoniebetrachtung):
$f''(0) = -6 < 0 \implies$ Hochpunkt H$(0 \mid 0)$ bzw.
$f''(2) = 6 > 0 \implies$ Tiefpunkt T$(2 \mid -4)$

In den Punkten, in denen der Graph G_f sein Krümmungsverhalten ändert, d. h. sich von der Rechts- in die Linkskrümmung bzw. umgekehrt wendet, liegt ein **Wendepunkt** vor. Die Bedingung $f''(x) = 0$ ist dafür notwendig. Ausreichend ist wieder ein Wechsel der Krümmung, d. h. ein Wechsel des Vorzeichens von f''. Das ist dann der Fall, wenn die Nullstelle der 2. Ableitung eine einfache Nullstelle ist. Es gilt:

Wendestelle

$f''(x_0) = 0 \land x_0$ ist eine einfache Nullstelle von f'' (bzw. $f'''(x_0) \neq 0$),

$\implies x_0$ ist eine Wendestelle des Graphen.

Wegen $f''(x_0) = (f'(x_0))' = 0$ folgt, dass die Steigung des Graphen im Wendepunkt im Allgemeinen einen Extremwert besitzt, d. h., sie ist dort dem Betrag nach relativ am größten.

Beispiel Bei der Funktion f mit $f(x) = x^3 - 3x^2$,
$D_f = \mathbb{R}$, folgt aus $f''(x) = 6x - 6$:
$f''(x_0) = 0$
$\implies x_0 = 1 \land$ einfache Nullstelle
$\implies$ Wendestelle mit $f(1) = -2$
$\implies$ W$(1 \mid -2)$ ist ein Wendepunkt
des Graphen.

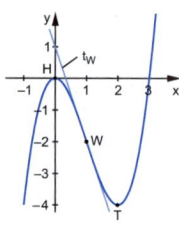

Die Tangente des Graphen G_f einer Funktion f in einem Wendepunkt heißt **Wendetangente t_W**.

Beispiel Bei der Funktion f mit $f(x) = x^3 - 3x^2$, $D_f = \mathbb{R}$, gilt:
$f'(1) = -3 \implies t_W: y = -3 \cdot (x - 1) - 2 = -3x + 1$

Sind an der Stelle x_0 erste und zweite Ableitung null, d. h. $f'(x_0) = 0$, $f''(x_0) = 0$, und ist x_0 Wendestelle, so heißt der Punkt $P_0(x_0 | f(x_0))$ **Terrassenpunkt** (Wendepunkt mit waagrechter Tangente).

Für $f(x) = \frac{1}{3}x^3 + 1$, $D_f = \mathbb{R}$ mit

Beispiel

$f'(x) = x^2$, $f''(x) = 2x$, $f'''(x) = 2 \neq 0$
folgt:
Der Punkt $P(0 | 1)$ ist Terrassenpunkt des Graphen G_f und $y = 1$ ist Wendetangente.

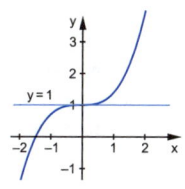

Mithilfe der Funktionsgleichung und ihrer Ableitungen kann die Problematik des Schneidens und des Berührens einfach beschrieben werden.

Schnitt und Berührung

Liegt ein Punkt $P_0(x_0 | y_0)$ auf den Graphen G_f und G_g der Funktionen f und g, so ist er **Schnittpunkt**, falls die Funktionswerte $f(x_0)$ und $g(x_0)$ übereinstimmen, d. h. $f(x_0) = g(x_0)$ gilt.

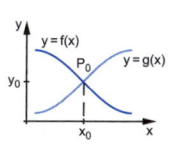

Ein Punkt $P_0(x_0 | y_0)$ heißt **Berührpunkt** (doppelt zu zählender Schnittpunkt), falls dort sowohl die Funktionswerte als auch die Werte der ersten Ableitungen übereinstimmen, d. h. $f(x_0) = g(x_0) \wedge f'(x_0) = g'(x_0)$ gilt.

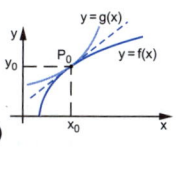

Ein Punkt $P_0(x_0 | y_0)$ heißt **durchdringender Berührpunkt** (dreifach zu zählender Schnittpunkt), falls dort die Funktionswerte und die Werte der ersten und der zweiten Ableitungen übereinstimmen, d. h. $f(x_0) = g(x_0) \wedge f'(x_0) = g'(x_0) \wedge f''(x_0) = g''(x_0)$ gilt.
Die Wendetangente durchdringt im Wendepunkt den Graphen berührend.

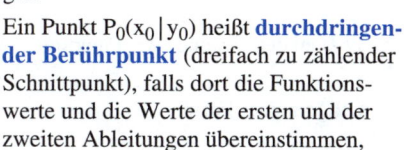

Beispiel Untersuchen Sie die Graphen der Funktionen
$y = f(x) = x^3 - 6x^2 + 9x$ und $y = g(x) = -3x + 8$
auf gemeinsame Punkte.

Lösung:
$$x^3 - 6x^2 + 9x = -3x + 8$$
$$x^3 - 6x^2 + 12x - 8 = 0$$
$$(x - 2)^3 = 0$$

$\Rightarrow$ Für $x = 2$, d. h. im Punkt $P(2\,|\,2)$, liegt ein dreifach zu zählender Schnittpunkt, also durchdringende Berührung vor.

Ein schwieriges Problem in Aufgabenstellungen ist die Bestimmung einer Tangente, die man von einem Punkt außerhalb eines Graphen an diesen legen kann. Deshalb wird diese Berechnung besonders herausgestellt.

Tangente von einem Punkt außerhalb des Graphen
Gegeben ist ein Punkt $P(x_1\,|\,y_1)$, der
nicht auf dem Graphen G_f liegt. Man
wählt den Berührpunkt $B(x\,|\,f(x)) \in G_f$
in allgemeiner Form und bestimmt die
Steigung m der Tangente auf die beiden
Arten $m = f'(x)$ und $m = \dfrac{f(x) - y_1}{x - x_1}$.

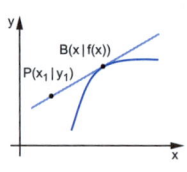

Setzt man diese beiden Ausdrücke
gleich, so lassen sich die Koordinaten
des Berührpunktes und die Gleichung
der Tangente daraus bestimmen.

Beispiel Tangente vom Punkt $P(-1\,|\,2)$ an den Graphen der Funktion
$f:\ x \mapsto -\frac{1}{2}x^2 + 2x + \frac{5}{2}$

Der Berührpunkt lautet in allgemeiner Form:
$B(x\,|\,f(x)) = B\left(x\ \middle|\ -\frac{1}{2}x^2 + 2x + \frac{5}{2}\right)$

Für die Steigung m der Tangente ergibt sich:

$m = f'(x) = -x + 2$ bzw. $m = \dfrac{\Delta y}{\Delta x} = \dfrac{-\frac{1}{2}x^2 + 2x + \frac{5}{2} - 2}{x - (-1)} = \dfrac{-\frac{1}{2}x^2 + 2x + \frac{1}{2}}{x + 1}$

Gleichsetzen der Ausdrücke:

$$-x + 2 = \frac{-\frac{1}{2}x^2 + 2x + \frac{1}{2}}{x + 1} \quad | \cdot (x + 1)$$

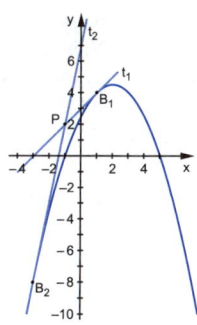

$$-x^2 + 2x - x + 2 = -\frac{1}{2}x^2 + 2x + \frac{1}{2}$$

$$\frac{1}{2}x^2 + x - \frac{3}{2} = 0$$

$$\frac{1}{2}(x - 1)(x + 3) = 0$$

$$\Rightarrow \quad x = 1 \ \vee \ x = -3$$

Es gibt zwei solche Tangenten mit den
Berührpunkten $B_1(1\,|\,4)$ und $B_2(-3\,|\,-8)$
und den Steigungen $m_1 = 1$ und $m_2 = 5$:

$t_1: y = 1(x - 1) + 4 = x + 3$ und $t_2: y = 5(x + 3) - 8 = 5x + 7$

3.8 Newton-Verfahren

Bei der Betrachtung von Nullstellen, d. h. der Lösung der Gleichung $f(x) = 0$, muss man eine Strategie zur Lösung einer Gleichung entwickeln. Die Lösungsverfahren für algebraische Gleichungen 1. und 2. Grades (lineare Gleichungen und quadratische
Gleichungen) sind allgemein bekannt und werden häufig angewendet. Obwohl es für Gleichungen 3. und 4. Grades Lösungs-
formeln gibt, werden diese selten gebraucht, da sie sehr aufwen-
dig sind.
Bei Gleichungen höheren Grades oder bei transzendenten Gleichungen gibt es keine Theorie zu deren Lösungen, nur in Aus-
nahmefällen erhält man eine exakte Lösung.
So wurden und werden Näherungsverfahren zum Lösen von
Gleichungen entwickelt, die im Zeitalter von Taschenrechner
und Computer an Bedeutung gewinnen, da ihre Programmierung
sehr einfach ist und sich in kürzester Zeit beliebig genaue Nähe-
rungen ermitteln lassen.
Eines dieser Näherungsverfahren ist das **Verfahren von
Newton** (1643–1727), das wie folgt anschaulich beschrieben
werden kann.

1. Es wird ein Startwert x_0 mit $f(x_0) \neq 0$ in der Nähe der gesuchten Nullstelle gewählt. Im Punkt $P_0(x_0 \,|\, f(x_0))$ bestimmt man die Gleichung der Tangente t_0 an den Graphen G_f der Funktion f.

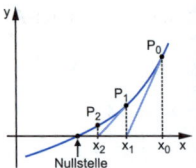

2. Der Schnittpunkt x_1 dieser Tangente t_0 mit der x-Achse stellt eine erste Näherung für die gesuchte Nullstelle dar, wenn x_1 näher an der Nullstelle liegt als x_0.

3. Man setzt dieses Verfahren fort, d. h., man ermittelt die Gleichung der Tangente t_1 an G_f im Punkt $P_1(x_1 \,|\, f(x_1))$ und bestimmt deren Schnittpunkt x_2 mit der x-Achse usw.

Algebraisch ergibt sich:

1. $P_0(x_0 \,|\, f(x_0)); \; m = f'(x_0)$

   Allgemeine Tangentengleichung:
   $$t_0: y = mx + t = f'(x_0) \cdot x + t$$

   P_0 eingesetzt:
   $$f(x_0) = f'(x_0) \cdot x_0 + t \; \Rightarrow \; t = f(x_0) - f'(x_0) \cdot x_0$$

   Die Tangente t_0 hat also die Gleichung:
   $$\begin{aligned} t_0: y &= f'(x_0) \cdot x + f(x_0) - f'(x_0) \cdot x_0 \\ &= f'(x_0)(x - x_0) + f(x_0) \end{aligned}$$

2. Schnitt von t_0 mit der x-Achse, d. h. $y = 0$:
   $$f'(x_0)(x_1 - x_0) + f(x_0) = 0 \; \Rightarrow \; x_1 = x_0 - \frac{f(x_0)}{f'(x_0)}$$

   Diesen Ausdruck erhält man aus obiger Skizze viel einfacher, wenn man im Punkt P_0 die Steigung m der Tangente t_0 mithilfe des Steigungsdreiecks bestimmt. Es gilt:
   $$m = f'(x_0) = \frac{\Delta y}{\Delta x} = \frac{0 - f(x_0)}{x_1 - x_0} \; \Rightarrow \; x_1 = x_0 - \frac{f(x_0)}{f'(x_0)}$$

3. Bestimmt man die Tangente t_1 im Punkt $P_1(x_1 \,|\, f(x_1))$, so erhält man für die Nullstelle x_2 wie bei der Berechnung unter 1. und 2. bzw. über das Steigungsdreieck:
   $$x_2 = x_1 - \frac{f(x_1)}{f'(x_1)} \; \text{usw.}$$

Allgemein gilt:

Newton-Verfahren

Ist x_n eine Näherung für eine Nullstelle der differenzierbaren Funktion f mit $f'(x_n) \neq 0$, so erhält man durch

$$x_{n+1} = x_n - \frac{f(x_n)}{f'(x_n)}$$

den nächsten, in der Regel besseren Näherungswert.
Das Verfahren wird angehalten, wenn die gewünschte Genauigkeit erreicht ist.

Anmerkungen:

- Das Verfahren bricht ab, wenn $f'(x_n) = 0$ gilt. Über die Güte der Näherung x_n kann keine allgemeingültige Aussage getroffen werden.

- Wählt man einen ungünstigen Startwert x_0, so können sich die Iterationswerte des Newton-Verfahrens immer mehr von der gesuchten Nullstelle entfernen.

- Falls die Funktion keine Nullstelle besitzt, divergiert die Abfolge der Iterationswerte des Newton-Verfahrens.

- Es gibt seltene Fälle, in denen die Werte sich periodisch wiederholen, d. h., das Verfahren „hängt sich auf".

- Eine ausreichende Bedingung für eine schnellstmögliche Annäherung an die Nullstelle der Funktion erhält man, wenn Funktions- und Krümmungswert im Startpunkt x_0 dasselbe Vorzeichen besitzen, also $f(x_0) \cdot f''(x_0) > 0$ gilt.

1. Betrachtet wird die Funktion
   $f: x \mapsto f(x) = x^2 - 3$
   mit der Ableitung $f'(x) = 2x$.
   Die Formel für das Newton-Verfahren lautet hier:

   $$x_{n+1} = x_n - \frac{x_n^2 - 3}{2x_n}$$

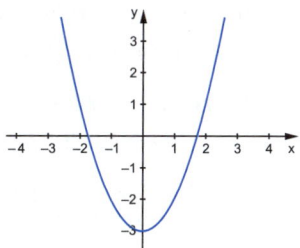

Beispiel

Man wählt z. B. den Startpunkt: $x_0 = 2$

$f(2) = 1, \quad f'(2) = 4$

$\Rightarrow \quad x_1 = 2 - \frac{1}{4} = 1,75$

$f(1,75) = 0,0625; \quad f'(1,75) = 3,5$

$\Rightarrow \quad x_2 = 1,75 - \frac{0,0625}{3,5} = 1,73214$

$f(1,73214) = 0,00031; \quad f'(1,73214) = 3,46428$

$\Rightarrow \quad x_3 = 1,73214 - \frac{0,00031}{3,46428} = 1,73205$

$f(1,73205) = -0,000003; \quad f'(1,73205) = 3,46410$

$\Rightarrow \quad x_4 = 1,73205 + \frac{0,000003}{3,4641} = 1,73205$

Man wird hier abbrechen und als Näherung für die Nullstelle den Wert $x = 1,73205 \ (= \sqrt{3})$ wählen.

2. $f(x) = 2 - e^x,$

$f'(x) = -e^x,$

$x_{n+1} = x_n - \dfrac{2 - e^{x_n}}{-e^{x_n}}$

Startpunkt: $x_0 = 1$

$f(1) = 2 - e = -0,71828,$

$f'(1) = -e = -2,71828$

$\Rightarrow \quad x_1 = 1 - \frac{2 - e}{-e} = 0,73576$

$f(0,73576) = -0,08707, \quad f'(0,73576) = -2,08707$

$\Rightarrow \quad x_2 = 0,73576 - \frac{0,08707}{2,08707} = 0,69404$

$f(0,69404) = -0,00179, \quad f'(0,69404) = -2,00179$

$\Rightarrow \quad x_3 = 0,69404 - \frac{0,00179}{2,00179} = 0,69315$

$f(0,69315) = -0,000006, \quad f'(0,69315) = -2,000006$

$\Rightarrow \quad x_4 = 0,69315 - \frac{0,000006}{2,000006} = 0,69315$

$\Rightarrow \quad x = 0,69315$ ist eine gute Näherung für die Nullstelle (rechnerischer Wert: $x = \ln 2$).

4 Kurvendiskussion

Bei Kurvendiskussionen werden die wichtigsten und charakteristischsten Eigenschaften von Funktionen untersucht. Mithilfe solcher markanter Punkte des Graphen und dessen Verlauf (wie Monotonie und Krümmung) im Definitionsbereich lässt sich der Graph einer Funktion zeichnen und interpretieren – besonders dann, wenn er ein praktisches Problem beschreibt.

4.1 Kriterien

Die folgenden Merkmale von Kurven (Funktionsgraphen) werden bei Kurvendiskussionen, häufig in kleinschrittiger Aufgabenstellung, abgefragt. In den Kapiteln 1 bis 3 werden diese einzelnen Schritte detailliert vorgestellt.

1. **Definitionsmenge D**
   Es handelt sich um die Menge $\mathbb{R}$ bzw. um eine Teilmenge von $\mathbb{R}$, die diejenigen Zahlen enthält, die für x eingesetzt werden dürfen.

2. **Schnittpunkte mit den Koordinatenachsen**
   x-Achse: $y = f(x) = 0$ $\Rightarrow$ Lösungen x_1, x_2 usw. (Nullstellen) $\Rightarrow$ Punkte $N_1(x_1 \,|\, 0)$, $N_2(x_2 \,|\, 0)$ usw.

   y-Achse: $x = 0$ und $y = f(0)$ $\Rightarrow$ Punkt $T(0 \,|\, f(0))$

3. **Unendlichkeitsstellen (Polstellen)**
   Sie treten z. B. bei gebrochen-rationalen Funktionen

   $f(x) = \frac{g(x)}{h(x)}$ mit $h(x_0) = 0$ und $g(x_0) \neq 0$ auf.

4. **Verhalten im Unendlichen**
   Die Grenzwerte $\lim\limits_{x \to \infty} f(x)$ bzw. $\lim\limits_{x \to -\infty} f(x)$ können gefragt sein.
   Häufig werden auch die Grenzwerte bei Annäherung an eine Definitionslücke berechnet, auch dann, wenn es sich nicht um Unendlichkeitsstellen handelt.

5. Asymptoten

Eine senkrechte (vertikale) Asymptote liegt an einer Unendlichkeitsstelle vor.

Eine waagrechte (horizontale) Asymptote liegt vor, wenn der Grenzwert für $x \to \infty$ oder/und für $x \to -\infty$ existiert.

Eine schiefe (schräge) Asymptote mit der Gleichung $y = g(x) = mx + t$ liegt vor, wenn $\lim\limits_{x \to \pm\infty} [f(x) - g(x)] = 0$ gilt.

6. Symmetrie

Man muss erkennen:
Achsensymmetrie zur y-Achse: $f(-x) = f(x)$
Punktsymmetrie zum Ursprung: $f(-x) = -f(x)$

7. Monotonie und Extremwerte

Monotonie:
f ist streng monoton zunehmend, wenn $f'(x) > 0$ gilt.
f ist streng monoton abnehmend, wenn $f'(x) < 0$ gilt.

Extremwerte:
$f'(x) = 0$ lösen. Dann gilt:
$f'(x_0) = 0 \ \wedge \ f''(x_0) < 0$:   Graph G_f besitzt einen Hochpunkt (relatives Maximum) $H(x_0 | f(x_0))$.
$f'(x_0) = 0 \ \wedge \ f''(x_0) > 0$:   Graph G_f besitzt einen Tiefpunkt (relatives Minimum) $T(x_0 | f(x_0))$.

Der Nachweis der Art des Extremwertes ist auch aus Monotonieüberlegungen möglich. Berechnung des y-Wertes nicht vergessen! Weitere Extremwerte können an Stellen auftreten, an denen f definiert ist, aber f' nicht existiert.

8. Krümmung und Wendepunkte

Krümmung:
Der Graph G_f ist linksgekrümmt, wenn $f''(x) > 0$ gilt.
Der Graph G_f ist rechtsgekrümmt, wenn $f''(x) < 0$ gilt.

Wendepunkte:
$f''(x) = 0$ lösen. Dann gilt:
$f''(x_0) = 0 \ \wedge \ $ einfache Nullstelle: Graph G_f besitzt einen Wendepunkt $W(x_0 | f(x_0))$.

Der Nachweis des Wendepunktes ist auch aus Krümmungs-
überlegungen möglich. Berechnung des y-Wertes nicht vergessen!

Wendetangente = Tangente im Wendepunkt
Terrassenpunkt = Wendepunkt mit waagrechter Tangente

9. **Wertemenge, Wertetabelle, Graph**
Die Wertemenge W_f ergibt sich aus den Eigenschaften 2 bis
7.
Die Wertetabelle (alle ganzzahligen x-Werte sowie in der
Umgebung einer Definitionslücke x_0 die x-Werte $x_0 - 0,5$
und $x_0 + 0,5$ verwenden) erleichtert die Zeichnung des Graphen G_f. Dazu werden alle Ergebnisse aus 1 bis 8 verwendet
und vorab eingezeichnet bzw. markiert.

4.2 Ganzrationale Funktion

Die Beispiele für Kurvendiskussionen beginnen mit den
einfachsten Funktionen, nach den linearen und quadratischen
Funktionen. Ihr Funktionsterm ist ein Polynom in x.

Diskutieren Sie die Funktion f mit $f(x) = \frac{1}{12}x^3 - x^2 + 3x$. **Beispiel**

Lösung:

Definitionsmenge:
Bei allen ganzrationalen Funktionen gilt: $D_f = \mathbb{R}$

Schnittpunkte mit den Koordinatenachsen:
x-Achse: $y = f(x) = 0$:
$$\frac{1}{12}x^3 - x^2 + 3x = 0$$
$$\frac{1}{12}x(x^2 - 12x + 36) = 0$$
$$\frac{1}{12}x(x - 6)^2 = 0$$
$\Rightarrow$ $x_1 = 0 \;\wedge\; x_2 = 6$ **(doppelte Nullstelle = Berührung der
x-Achse)**
$\Rightarrow$ $N_1(0|0)$, $N_2(6|0)$

y-Achse: Da es nur einen Schnittpunkt mit der y-Achse gibt,
muss es der Punkt $N_1(0|0)$ sein.

Verhalten im Unendlichen:

$$\lim_{x \to \infty} f(x) = \infty \ \wedge \ \lim_{x \to -\infty} f(x) = -\infty \ \Rightarrow \ W_f = \mathbb{R}$$

Symmetrie:

Es ist keine Symmetrie zur y-Achse bzw. zum Ursprung erkennbar.

Extremwerte und Wendepunkte:

$f'(x) = \frac{1}{4}x^2 - 2x + 3; \ f''(x) = \frac{1}{2}x - 2$

$f'(x) = 0: \ \frac{1}{4}x^2 - 2x + 3 = 0$

$$x_{1;2} = \frac{1}{\frac{1}{2}}\left(2 \pm \sqrt{4-3}\right) = 2(2 \pm 1)$$

$$x_1 = 2 \ \vee \ x_2 = 6$$

$f(2) = \frac{8}{3} \ \wedge \ f''(2) = -1 < 0 \ \Rightarrow \ $ Hochpunkt $H\left(2 \mid \frac{8}{3}\right)$

$f(6) = 0 \ \wedge \ f''(6) = 1 > 0 \ \Rightarrow \ $ Tiefpunkt $T(6 \mid 0)$

Oder:

$f'(x) > 0$ für $x \in \ ]-\infty; 2[\ \cup \ ]6; \infty[$

$\Rightarrow$ streng monoton zunehmend

$f'(x) < 0$ für $x \in \ ]2; 6[$

$\Rightarrow$ streng monoton abnehmend

$\Rightarrow$ Hochpunkt für $x = 2$, weil Steigen in Fallen übergeht, sowie Tiefpunkt für $x = 6$, weil Fallen in Steigen übergeht.

$f''(x) = 0: \ \frac{1}{2}x - 2 = 0 \ \Rightarrow \ x = 4 \ \wedge \ $ einfache Nullstelle

$\Rightarrow$ Wendepunkt

$f(4) = \frac{4}{3} \ \Rightarrow \ W\left(4 \mid \frac{4}{3}\right)$ Wendepunkt

Gleichung der Wendetangente t_W:

$f'(4) = -1$

$t_W: \ y = -1 \cdot (x-4) + \frac{4}{3} = -x + \frac{16}{3}$

Wertetabelle und Graph:

x	−1	0	1	2	3	4	5	6	7	8
f(x)	−4,08	0	2,08	2,67	2,25	1,33	0,42	0	0,58	2,67

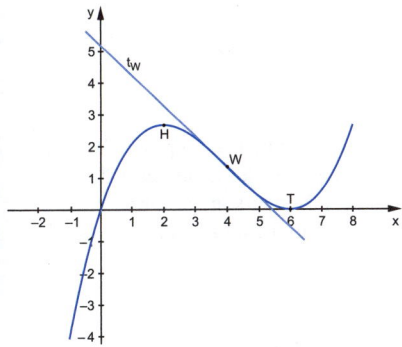

4.3 Gebrochen-rationale Funktion

Schon bei den gebrochen-rationalen Funktionen, d. h. Funktionen, deren Zähler und Nenner Polynome in x sind, erweitert sich das Spektrum der Anforderungen um Definitionslücken, Polstellen, Asymptoten etc.

Diskutieren Sie die Funktion f mit $f(x) = \frac{x^2+1}{x}$.

Beispiel

Lösung:

Definitionsmenge:
$D_f = \mathbb{R} \setminus \{0\}$, weil für $x = 0$ der Nenner null wird und damit der Bruch nicht definiert ist.

Schnittpunkte mit den Koordinatenachsen:
x-Achse: $y = f(x) = 0$: $x^2 + 1 = 0$
keine Lösung $\Rightarrow$ kein Schnittpunkt mit der x-Achse

Mit der y-Achse ist wegen $D = \mathbb{R} \setminus \{0\}$ kein Schnittpunkt möglich.

Unendlichkeitsstellen:
Es gilt $\lim\limits_{x \to 0+0} f(x) = +\infty \ \wedge \ \lim\limits_{x \to 0-0} f(x) = -\infty$,

d. h., an der Stelle $x = 0$ liegt eine Unendlichkeitsstelle mit Vorzeichenwechsel (einfache Polstelle) vor.

Verhalten im Unendlichen:

Es gilt: $\lim\limits_{x \to \infty} f(x) = \infty \ \wedge \ \lim\limits_{x \to -\infty} f(x) = -\infty$

Asymptoten:

$x = 0$ ist die Gleichung einer senkrechten Asymptote, da für $x = 0$ eine Unendlichkeitsstelle vorliegt. Da der Grad des Zählers um 1 größer ist als der Grad des Nenners, liegt eine schräge Asymptote vor, die durch Polynomdivision von Zähler durch Nenner gefunden wird.

$(x^2 + 1) : x = x + \frac{1}{x}$

$\Rightarrow$ $y = x$ ist schiefe Asymptote, weil $\lim\limits_{x \to \pm\infty} \frac{1}{x} = 0$ gilt.

Symmetrie:

$f(-x) = \frac{(-x)^2 + 1}{-x} = \frac{x^2 + 1}{-x} = -\frac{x^2 + 1}{x} = -f(x)$

$\Rightarrow$ Punktsymmetrie zum Ursprung

Extremwerte und Wendepunkt:

$f'(x) = \frac{2x \cdot x - (x^2 + 1) \cdot 1}{x^2} = \frac{2x^2 - x^2 - 1}{x^2} = \frac{x^2 - 1}{x^2}$

$f''(x) = \frac{2x \cdot x^2 - (x^2 - 1) \cdot 2x}{x^4} = \frac{2x^3 - 2x^3 + 2x}{x^4} = \frac{2}{x^3}$

Wegen $f''(x) \neq 0$ gibt es keine Wendepunkte.

$f'(x) = 0: \ \frac{x^2 - 1}{x^2} = 0 \quad \Rightarrow \quad x^2 - 1 = 0$
$\qquad\qquad\qquad\qquad\quad \Rightarrow \quad x_1 = -1 \ \vee \ x_2 = 1$

$f(1) = 2 \quad \wedge \quad f''(1) > 0 \qquad \Rightarrow \quad$ Tiefpunkt $T(1 \,|\, 2)$
$f(-1) = -2 \quad \wedge \quad f''(-1) < 0 \qquad \Rightarrow \quad$ Hochpunkt $H(-1 \,|\, -2)$

Oder:

$f'(x) > 0$ für $x \in \ ]-\infty; -1[\ \cup \ ]1; \infty[\ \Rightarrow$ streng monoton zunehmend

$f'(x) < 0$ für $x \in \ ]-1; 0[\ \cup \ ]0; 1[\ \Rightarrow$ streng monoton abnehmend

$\Rightarrow$ Hochpunkt für $x = -1$, weil dort das Steigen in Fallen übergeht, sowie Tiefpunkt für $x = 1$, weil dort das Fallen in Steigen übergeht.

Wertetabelle und Graph:

x	−4	−3	−2	−1	−0,5	0,5	1	2	3
f(x)	−4,25	−3,33	−2,5	−2	−2,5	2,5	2	2,5	2,33

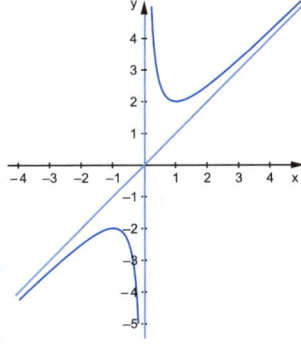

4.4 Nichtrationale Funktion

Als Beispiel für eine nichtrationale Funktion (Exponential-funktionen, Logarithmusfunktionen, trigonometrische Funktio-nen etc.) wird eine natürliche Exponentialfunktion ausgewählt.

Diskutieren Sie die Funktion f mit $f(x) = (x + 1) \cdot e^{-x}$.　　**Beispiel**

Lösung:

Definitionsmenge:
$D = \mathbb{R}$, da die natürliche Exponentialfunktion in $\mathbb{R}$ definiert ist.

Schnittpunkte mit den Koordinatenachsen:
x-Achse: $y = f(x) = 0$: $(x + 1) \cdot e^{-x} = 0 \Rightarrow x = -1 \Rightarrow N(-1 \,|\, 0)$
y-Achse: $x = 0$: $y = f(0) = 1 \Rightarrow R(0 \,|\, 1)$

Verhalten im Unendlichen und Asymptoten:
$\lim\limits_{x \to -\infty} f(x) = -\infty$;

$\lim\limits_{x \to \infty} f(x) = 0 \Rightarrow y = 0$ ist waagrechte Asymptote.

Symmetrie:
Es ist keine Symmetrie zur y-Achse bzw. zum Ursprung erkennbar.

Extremwerte und Wendepunkte:
$f'(x) = e^{-x} + (x+1) \cdot e^{-x} \cdot (-1) = -x \cdot e^{-x}$
$f''(x) = -e^{-x} - xe^{-x} \cdot (-1) = (x-1) \cdot e^{-x}$

$f'(x) = 0: -x \cdot e^{-x} = 0 \Rightarrow x = 0$
$f(0) = 1 \wedge f''(0) = -1 < 0 \Rightarrow$ Hochpunkt $H(0 \mid 1)$

Oder:
$f'(x) > 0$ für $x < 0 \Rightarrow$ streng monoton zunehmend
$f'(x) < 0$ für $x > 0 \Rightarrow$ streng monoton abnehmend
$\Rightarrow$ Hochpunkt für $x = 0$, weil dort das Steigen in Fallen übergeht.

$f''(x) = 0: (x-1) \cdot e^{-x} = 0 \Rightarrow x = 1 \wedge$ einfache Nullstelle
$\Rightarrow$ Wendepunkt
$f(1) = 2 \cdot e^{-1} = \frac{2}{e} \Rightarrow$ Wendepunkt $W\left(1 \mid \frac{2}{e}\right)$

Wendetangente t_W:
$f'(1) = -1 \cdot e^{-1} = -\frac{1}{e}$
$t_W: y = -\frac{1}{e}(x-1) + \frac{2}{e} = -\frac{1}{e}x + \frac{3}{e}$

Wertemenge:
Aus dem Extremwert und den Grenzwerten für $x \to \infty$ und
$x \to -\infty$ folgt, dass für die Wertemenge W_f gilt: $W_f =]-\infty; 1]$

Wertetabelle und Graph:

x	−2	−1,5	−1	−0,5	0	1	2	3	4
f(x)	−7,39	−2,24	0	0,82	1	0,74	0,41	0,20	0,09

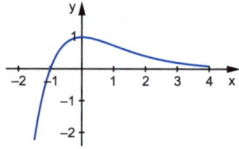

4.5 Ganzrationale Funktionen mit vorgegebenen Eigenschaften

Bestimmte Eigenschaften von Punkten auf Funktionsgraphen kann man in Gleichungen zum Aufstellen von ganzrationalen Funktionen umsetzen. Die ganzrationale Funktion n-ten Grades hat die Form $f(x) = a_n x^n + a_{n-1} x^{n-1} + \ldots + a_2 x^2 + a_1 x + a_0$. Dabei ist durch $n + 1$ Bedingungen eine solche ganzrationale Funktion (höchstens) n-ten Grades festgelegt. Es gelten:

Eigenschaften zum Aufstellen von Funktionsgleichungen

Punkt $P(x_0 | y_0) \in G_f$ $\Rightarrow$ $f(x_0) = y_0$

Steigung m im Punkt $P(x_0 | y_0) \in G_f$ $\Rightarrow$ 1. $f(x_0) = y_0$
  2. $f'(x_0) = m$

Hoch-/Tiefpunkt $P(x_0 | y_0) \in G_f$ $\Rightarrow$ 1. $f(x_0) = y_0$
  2. $f'(x_0) = 0$

Wendepunkt $P(x_0 | y_0) \in G_f$ $\Rightarrow$ 1. $f(x_0) = y_0$
  2. $f''(x_0) = 0$

Terrassenpunkt $P(x_0 | y_0) \in G_f$ $\Rightarrow$ 1. $f(x_0) = y_0$
  2. $f'(x_0) = 0$
  3. $f''(x_0) = 0$

---

1. Bestimmen Sie die Gleichung der ganzrationalen Funktion 3. Grades, deren Graph G_f im Punkt $N(-2 | 0)$ die x-Achse schneidet und für $x_0 = 0$ einen Wendepunkt mit der Wendetangente t_W: $y = \frac{1}{3} x + 2$ besitzt.

Beispiel

Lösung:
Man stellt die allgemeine Funktion 3. Grades auf und bildet die 1. und 2. Ableitung:
$f(x) = ax^3 + bx^2 + cx + d$
$f'(x) = 3ax^2 + 2bx + c$
$f''(x) = 6ax + 2b$

Man benötigt vier Bedingungen, um die Funktion festlegen zu können. Neben $N \in G_f$ erhält man aus der Angabe über Wendepunkt und Wendetangente drei Bedingungen, nämlich $W \in t_W$ und damit $y_W = 2$, die Steigung im Wendepunkt ist $\frac{1}{3}$ und die 2. Ableitung hat für $x_0 = 0$ den Wert 0:

(1) $f(-2) = 0$: $\quad -8a + 4b - 2c + d = 0$

(2) $f(0) = 2$: $\qquad\qquad\qquad\quad d = 2$

(3) $f'(0) = \frac{1}{3}$: $\qquad\qquad\quad c \quad = \frac{1}{3}$

(4) $f''(0) = 0$: $\qquad\quad 2b \qquad = 0$

Damit sind bereits drei Variable bekannt:
$b = 0$, $c = \frac{1}{3}$ und $d = 2$

In (1) eingesetzt erhält man:

$-8a - \frac{2}{3} + 2 = 0 \implies 8a = \frac{4}{3} \implies a = \frac{1}{6}$

$\implies f(x) = \frac{1}{6}x^3 + \frac{1}{3}x + 2$

2. Bestimmen Sie die Gleichung der ganzrationalen Funktion 3. Grades, deren Graph G_f punktsymmetrisch zum Ursprung ist und in $T(-2|-4)$ einen Tiefpunkt besitzt.

Lösung:
Wenn in $f(x) = ax^3 + bx^2 + cx + d$ gelten soll: $f(-x) = -f(x)$, dann muss $b = d = 0$ sein.

$f(x) = ax^3 + cx$
$f'(x) = 3ax^2 + c$

Bedingungen:

(1) $f(-2) = -4$: $\quad -8a - 2c = -4$

(2) $f'(-2) = 0$: $\quad 12a + c = 0 \quad | \cdot 2$

$\quad\overline{(1)+(2): 16a \qquad = -4} \quad\implies a = -\frac{1}{4}$

$\quad$ in (2): $\qquad\qquad c = -12a = 3$

$\implies f(x) = -\frac{1}{4}x^3 + 3x$

3. Bestimmen Sie die Gleichung der ganzrationalen Funktion 4. Grades, deren Graph G_f im Punkt $W(0|-3)$ einen Terrassenpunkt und in $E(3|0)$ einen Extremwert besitzt.

Lösung:

$f(x) = ax^4 + bx^3 + cx^2 + dx + e$

$f'(x) = 4ax^3 + 3bx^2 + 2cx + d$

$f''(x) = 12ax^2 + 6bx + 2c$

Mit den Kriterien zur Kurvendiskussion erhält man die benötigten fünf Gleichungen, drei aus dem Terrassenpunkt und zwei aus dem Extremwert.

(1) $f(0) = -3$: $\qquad\qquad\qquad\qquad\quad e = -3 \Rightarrow e = -3$

(2) $f'(0) = 0$: $\qquad\qquad\qquad\quad d \quad = 0 \Rightarrow d = 0$

(3) $f''(0) = 0$: $\qquad\qquad\quad 2c \qquad = 0 \Rightarrow c = 0$

(4) $f(3) = 0$: $81a + 27b + 9c + 3d + e = 0$

(5) $f'(3) = 0$: $108a + 27b + 6c + \ d \ = 0$

Es verbleiben folgende Gleichungen:

(6) $\qquad\quad 81a + 27b = 3$

(7) $\qquad\quad 108a + 27b = 0$

$(6)-(7){:}\ -27a \qquad = 3 \qquad \Rightarrow a = -\frac{1}{9}$

in (7): $\qquad\quad 27b = -108a = 12 \Rightarrow b = \frac{4}{9}$

$\Rightarrow\ f(x) = -\frac{1}{9}x^4 + \frac{4}{9}x^3 - 3$

4.6 Extremwertaufgaben

Es werden bestimmte Sachverhalte auf größte bzw. kleinste Werte untersucht. Um dies mithilfe der Differenzialrechnung ausführen zu können, benötigt man für den Sachverhalt eine **Zielfunktion**, deren Definitionsmenge durch die Aufgabenstellung festgelegt ist. Verwendet wird im Wesentlichen der **Extremwertsatz** stetiger Funktionen.

Extremwertsatz

Jede in einem abgeschlossenen Intervall $I = [a; b]$ stetige Funktion f nimmt in I ihr absolutes Maximum und ihr absolutes Minimum an. Diese Werte können auch in den Randpunkten auftreten.

Beispiel 1. Ein Rechteck mit den Seiten a und b hat den
Umfang u.

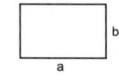

Für welche Seitenlängen a, b wird der Flächeninhalt A des Rechtecks maximal?

Lösung:
Die Größe, die optimiert werden soll, ist die Fläche $A = a \cdot b$.
Diese ist eine Funktion von zwei Variablen, die durch die
Nebenbedingung $2a + 2b = u$, d. h.

$$b = \frac{1}{2}(u - 2a) = \frac{1}{2}u - a$$

zu einer Funktion mit einer Variablen, der Zielfunktion, wird:

$$A(a) = a \cdot \left(\frac{1}{2}u - a\right) = \frac{1}{2}ua - a^2$$

mit der Definitionsmenge $0 \le a \le \frac{u}{2}$.

Die Funktion A wird jetzt mit den Kriterien der Kurvendiskussion untersucht:

$$A'(a) = \frac{1}{2}u - 2a$$

$A''(a) = -2 < 0 \implies$ Das Ergebnis führt in jedem Fall auf ein
relatives Maximum.

$A'(a) = 0: 2a = \frac{1}{2}u \implies a = \frac{1}{4}u \implies b = \frac{1}{4}u$

Die Randwerte $a = 0$ bzw. $a = \frac{u}{2}$ führen nicht auf Rechtecke.

$\implies$ Für $a = b = \frac{1}{4}u$, d. h. für das Quadrat, ist bei vorgegebe-
nem Umfang die Rechteckfläche maximal. Der Flächen-
inhalt beträgt dann $A_{max} = \frac{1}{16}u^2$.

2. Die Funktion f mit $f(x) = -x^3 + 3x^2$ besitzt den Graphen G_f.

Die Gerade mit der Gleichung $x = a$
$(0 < a < 3)$ schneidet die x-Achse im
Punkt A und den Graphen G_f im
Punkt B.
Für welchen Wert von a hat das Drei-
eck OAB maximalen Flächeninhalt?

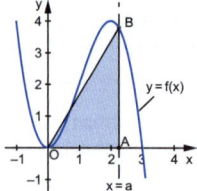

Lösung:
Die Zielfunktion wird durch die Fläche
bestimmt. Für diese gilt mit A(a|0) und B(a|f(a)):

$$A(a) = \frac{1}{2} \cdot a \cdot f(a) = \frac{1}{2}a \cdot (-a^3 + 3a^2) = -\frac{1}{2}a^4 + \frac{3}{2}a^3$$

$A'(a) = -2a^3 + \frac{9}{2}a^2$

$A''(a) = -6a^2 + 9a$

$A'(a) = 0:\ a^2\left(-2a + \frac{9}{2}\right) = 0$

$\Rightarrow\ a = 0$ (liegt nicht in D_A) $\lor\ a = \frac{9}{4}$

$A''(\frac{9}{4}) = -\frac{81}{8} < 0\ \Rightarrow$ relatives Maximum

Es gibt keine Randextrema.

$\Rightarrow\ $ Für $a = \frac{9}{4}$ besitzt das Dreieck maximalen Flächeninhalt.

   Es gilt dann $A_{max} = \frac{2187}{512}$ FE $\approx 4{,}27$ FE.

3. Ein Abfallcontainer hat die in der Skizze dargestellte Form. Damit er bei konstanter Breite b ein möglichst großes Fassungsvermögen erhält, muss der Inhalt $A(\varphi)$ der vorderen Seitenfläche ABCD maximal werden.

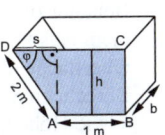

   Bestimmen Sie den Winkel φ so, dass der Flächeninhalt $A(\varphi)$ maximal wird.

   Lösung:
   Aus der Skizze erhält man:

   $\sin\varphi = \frac{h}{2}\ \Rightarrow\ h = 2\cdot\sin\varphi$ $\quad$ mit $0° < \varphi < 90°$
   $\cos\varphi = \frac{s}{2}\ \Rightarrow\ s = 2\cdot\cos\varphi$

   Die Zielfunktion ist die vordere Seitenfläche, eine Trapezfläche mit dem Inhalt:

   $A(\varphi) = \frac{(s+1)+1}{2}\cdot h = \left(\frac{s}{2}+1\right)\cdot h = (\cos\varphi + 1)\cdot 2\sin\varphi$
   $\qquad = 2\sin\varphi\cdot\cos\varphi + 2\sin\varphi$

   $A'(\varphi) = 2\cos\varphi\cdot\cos\varphi + 2\sin\varphi\cdot(-\sin\varphi) + 2\cos\varphi$
   $\qquad = 2(\cos\varphi)^2 - 2(\sin\varphi)^2 + 2\cos\varphi$

   Mit $(\sin\varphi)^2 = 1 - (\cos\varphi)^2$ ergibt sich:
   $A'(\varphi) = 4(\cos\varphi)^2 + 2\cos\varphi - 2$
   $A''(\varphi) = -8\cos\varphi\cdot\sin\varphi - 2\sin\varphi$
   $A'(\varphi) = 0:\ \ 4\cdot(\cos\varphi)^2 + 2\cdot\cos\varphi - 2 = 0$
   $\qquad\qquad\quad\ 2\cdot(\cos\varphi)^2 + \cos\varphi - 1 = 0$

Die quadratische Gleichung für cos φ wird mithilfe der Formel gelöst:

$$\cos\varphi = \tfrac{1}{4}(-1 \pm \sqrt{1+8}) = \tfrac{1}{4}(-1 \pm 3)$$

$\cos\varphi = \tfrac{1}{2} \quad \Rightarrow \quad \varphi = 60°$

$\cos\varphi = -1 \quad \Rightarrow \quad \varphi = 180°$ nicht möglich!

Wegen $A''(60°) < 0$ folgt, dass für $\varphi = 60°$ die Fläche A und damit das Volumen des Abfallcontainers maximal wird. Es gilt: $A_{max} = \tfrac{3}{2}\sqrt{3}$ m².

4. Ein Raketenkopf hat die Form eines geraden Kreiskegels. Er soll einen zylindrischen Behälter für einen Messgerätesatz aufnehmen. Aus technischen Gründen soll die Oberfläche des Zylinders maximal werden. Berechnen Sie für diesen Fall Radius r sowie Höhe h des Zylinders (siehe Skizze).

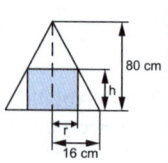

Lösung:

Für die Oberfläche O des Zylinders, d. h. für die Zielfunktion, gilt:

$$O = 2r^2\pi + 2r\pi \cdot h, \quad r \le 16 \ \wedge \ h \le 80$$

Mit dem umbeschriebenen Kegel erhält man mithilfe der Strahlensätze:

$r : 16 = (80 - h) : 80 \quad \Rightarrow \quad 80r = 16 \cdot 80 - 16 \cdot h \quad |{:}16$

$\qquad\qquad\qquad\qquad\qquad\qquad 5r = 80 - h$

$\qquad\qquad\qquad\qquad\qquad\qquad h = -5r + 80$

$O(r) = 2r^2\pi + 2r\pi \cdot (-5r + 80) = 2r^2\pi - 10r^2\pi + 160r\pi$

$O(r) = -8r^2\pi + 160r\pi$

$O'(r) = -16r\pi + 160\pi$

$O''(r) = -16\pi < 0 \quad \Rightarrow$ Das Ergebnis führt in jedem Fall auf ein relatives Maximum.

$O'(r) = 0: \ -16r\pi + 160\pi = 0$

$\qquad\qquad\qquad 16r\pi = 160\pi$

$\qquad\qquad\qquad\quad r = 10 \quad$ und daraus

$\qquad\qquad\qquad\quad h = -50 + 80 = 30$

Der Zylinder hat für r = 10 cm und h = 30 cm maximale Oberfläche. Es gilt dann: $O_{max} = 800\pi$ cm²

5 Integralrechnung

Die Integralrechnung entstand aus dem Problem, die Inhalte
krummlinig begrenzter Flächen berechnen zu können. Dazu
muss der Begriff des Flächeninhalts, der bisher nur für gerad-
linig begrenzte Flächen sowie durch Vielecksannäherung beim
Kreis definiert war, so erweitert werden, dass der Graph einer
Funktion f mit der x-Achse in einem abgeschlossenen Intervall
einen bestimmten Inhalt einschließt.

5.1 Stammfunktion und unbestimmtes Integral

Im Folgenden wird die Integration so eingeführt, dass sie in
einem engen Zusammenhang mit der Differenzialrechnung
steht. Dabei wird zuerst die Frage gestellt, wie man die Differenziation „rückgängig" machen kann, d. h., wie man Funktionen findet, deren Ableitung eine vorgegebene Funktion f ist.

Stammfunktion

Eine differenzierbare Funktion F heißt Stammfunktion zu
einer Funktion f im gemeinsamen Definitionsbereich, wenn
$F'(x) = f(x)$ gilt.

Sind F und G Stammfunktionen zur selben Funktion f, so gilt
$[F(x) - G(x)]' = f(x) - f(x) = 0 \Rightarrow F(x) - G(x) = c$,
da eine Funktion, deren Ableitungsfunktion überall null ist,
konstant ist.

Menge aller Stammfunktionen

Zwei Stammfunktionen F und G zur selben Funktion f unterscheiden sich nur durch eine additive Konstante, d. h.:
$F(x) = G(x) + c$ mit $c \in \mathbb{R}$
Die Graphen aller Stammfunktionen zu einer Funktion f sind
parallel zueinander.

Der Verlauf der Stammfunktion F zu einer Funktion f wird am folgenden Beispiel verdeutlicht.

Beispiel $f(x) = x \implies F(x) = \frac{1}{2}x^2 + c$

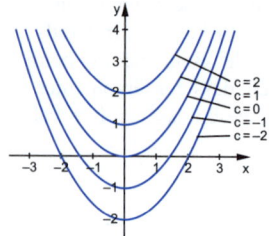

Unbestimmtes Integral
Die Menge aller Stammfunktionen zu einer Funktion f heißt das unbestimmte Integral.
Man schreibt:

$$\int f(x)\, dx = F(x) + c$$

Da fast der gesamte Inhalt der Integralrechnung auf die Verwendung von Stammfunktionen komprimiert werden kann, folgt eine Zusammenstellung der Stammfunktionen der ganzrationalen sowie der Elementarfunktionen.

Stammfunktionen der ganzrationalen Funktionen

$f(x) = 0 \implies F(x) = c$

$f(x) = 1 \implies F(x) = x + c$

$f(x) = x \implies F(x) = \frac{x^2}{2} + c$

$\ldots \qquad\qquad \ldots$

$f(x) = x^n \implies F(x) = \frac{x^{n+1}}{n+1} + c$ für $n \in \mathbb{N}$

Beispiel $\displaystyle\int x^5\, dx = \frac{1}{6}x^6 + c$

Stammfunktionen der Elementarfunktionen

$f(x) = x^r \quad \Rightarrow \quad F(x) = \frac{x^{r+1}}{r+1}$ für $r \in \mathbb{R} \setminus \{-1\}$

$f(x) = \frac{1}{x} \quad \Rightarrow \quad F(x) = \ln|x| + c$

$f(x) = \sin x \quad \Rightarrow \quad F(x) = -\cos x + c$

$f(x) = \cos x \quad \Rightarrow \quad F(x) = \sin x + c$

$f(x) = e^x \quad \Rightarrow \quad F(x) = e^x + c$

$f(x) = \ln x \quad \Rightarrow \quad F(x) = -x + x \cdot \ln x + c$

---

1. $\int \frac{1}{x^2}\, dx = \int x^{-2}\, dx = \frac{x^{-1}}{-1} + c = -\frac{1}{x} + c$ **Beispiel**

2. $\int \frac{1}{\sqrt{x}}\, dx = \int x^{-\frac{1}{2}}\, dx = \frac{x^{\frac{1}{2}}}{\frac{1}{2}} + c = 2\sqrt{x} + c$

5.2 Das bestimmte Integral

Die Integralrechnung hat sich aus unterschiedlichen Fragestellungen heraus entwickelt. Viele davon können über das Problem der Messung des Flächeninhaltes von krummlinig begrenzten Flächen gelöst werden.

Die Funktion f mit $f(x) \geq 0$ sei im Intervall $I = [a; b]$ stetig. Gesucht ist die Maßzahl A der Fläche, die der Graph G_f zwischen $x = a$ und $x = b$ mit der x-Achse einschließt.

Für die gesuchte Maßzahl A schreibt man

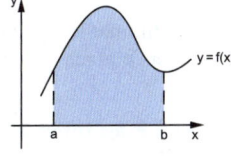

$$A = \int\limits_a^b f(x)\, dx$$

und liest „(Bestimmtes) Integral von a bis b über f von x dx."
f heißt Integrandenfunktion, a untere und b obere Grenze des Integrals.

Wenn in einem abgeschlossenen Intervall $[x_1, x_2]$ die lokale (oder momentane) Änderungsrate f einer Größe F gegeben ist, dann kann man die Gesamtänderung der Größe F, d. h. $F(x_2) - F(x_1)$, in diesem Intervall mit einem Integral bestimmen:

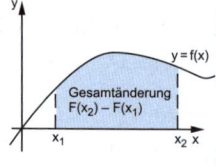

$$F(x_2) - F(x_1) = \int\limits_{x_1}^{x_2} f(x)\, dx$$

Diese Gesamtänderung wird wie oben als Flächeninhalt unter der Kurve G_f gedeutet und führt in Abschnitt 5.3 zum Hauptsatz der Differenzial- und Integralrechnung.

Wenn die Funktion auch negative Funktionswerte besitzt, dann stimmt der Wert des Integrals nicht mehr mit dem Flächeninhalt überein, weil das bestimmte Integral dann die Differenz der Maßzahlen der Flächeninhalte

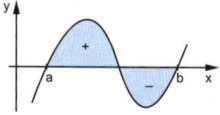

oberhalb und unterhalb der x-Achse angibt. Das bestimmte Integral stellt also die Flächenbilanz der Funktion f von a bis b dar. Zur Berechnung der Fläche müssen die Beträge der Einzelflächen addiert werden.

Das bestimmte Integral lässt sich mithilfe von Stammfunktionen besonders einfach angeben.

Bestimmtes Integral
Falls F irgendeine Stammfunktion zur Funktion f ist, so ergibt sich für **das bestimmte Integral**:
$$\int\limits_{a}^{b} f(x)\, dx = F(b) - F(a) = \left[F(x)\right]_a^b$$

1. $\int_{1}^{3} x \, dx = \left[\frac{x^2}{2}\right]_{1}^{3} = \frac{9}{2} - \frac{1}{2} = 4$

2. $\int_{2}^{4} \frac{1}{x^2} \, dx = \left[-\frac{1}{x}\right]_{2}^{4} = -\frac{1}{4} + \frac{1}{2} = \frac{1}{4}$

3. $\int_{-1}^{1} \frac{1}{x^2} \, dx$ ist nicht definiert, da über die Unendlichkeits-stelle $x_0 = 0$ nicht hinweg integriert werden darf. Die Integrationsgrenzen müssen bei dieser Inte-grandenfunktion entweder beide negativ oder beide positiv sein.

4. $\int_{1}^{4} \frac{1}{x} \, dx = \left[\ln|x|\right]_{1}^{4} = \ln 4 - \ln 1 = \ln 4$

5. $\int_{-2}^{2} 2e^x \, dx = \left[2e^x\right]_{-2}^{2} = 2e^2 - 2e^{-2} = 2\left(e^2 - \frac{1}{e^2}\right)$

6. $\int_{0}^{\frac{\pi}{2}} \cos x \, dx = \left[\sin x\right]_{0}^{\frac{\pi}{2}} = 1 - 0 = 1$

Die folgenden Eigenschaften des bestimmten Integrals erleich-tern dessen praktische Berechnung ganz wesentlich.

Eigenschaften des bestimmten Integrals

1. Jedes bestimmte Integral stellt eine reelle Zahl dar.
2. Jede in einem abgeschlossenen Intervall $I = [a; b]$ wenigs-tens stückweise stetige Funktion, deren Sprungstellen endlich sind, ist in I integrierbar.

Rechenregeln für das bestimmte Integral

1. $\displaystyle\int_b^a f(x)\,dx = -\int_a^b f(x)\,dx$, insbesondere $\displaystyle\int_a^a f(x)\,dx = 0$

2. $\displaystyle\int_a^b k \cdot f(x)\,dx = k \cdot \int_a^b f(x)\,dx$

   (k kann „ausgeklammert" werden)

3. $\displaystyle\int_a^b [f(x) \pm g(x)]\,dx = \int_a^b f(x)\,dx \pm \int_a^b g(x)\,dx$

   (Integral einer Summe (bzw. Differenz) =
   Summe (bzw. Differenz) der Integrale)

4. $\displaystyle\int_a^b f(x)\,dx = \int_a^c f(x)\,dx + \int_c^b f(x)\,dx$

   (Das Intervall [a; b], über das integriert wird, kann in zwei
   oder mehrere Intervalle aufgespalten werden.)

5. $f(x) < g(x) \;\Rightarrow\; \displaystyle\int_a^b f(x)\,dx < \int_a^b g(x)\,dx$

Beispiel 1. $\displaystyle\int_1^3 (3x^2 - x + 5)\,dx = 3\int_1^3 x^2\,dx + (-1)\cdot\int_1^3 x\,dx + 5\int_1^3 1\,dx$

$$= \left[x^3\right]_1^3 - \left[\frac{x^2}{2}\right]_1^3 + 5\left[x\right]_1^3$$

$$= (27 - 1) - \left(\frac{9}{2} - \frac{1}{2}\right) + 5(3 - 1)$$

$$= 26 - 4 + 10 = 32$$

2. $\displaystyle\int_{-3}^2 |x|\,dx = \int_{-3}^0 (-x)\,dx + \int_0^2 x\,dx = \left[-\frac{x^2}{2}\right]_{-3}^0 + \left[\frac{x^2}{2}\right]_0^2$

$$= \left(0 + \frac{9}{2}\right) + (2 - 0) = \frac{13}{2} = 6{,}5$$

Anwendung auf Flächenberechnung:

1. Die Fläche zwischen zwei Funktionsgraphen erhält man als Differenz ihrer Flächen mit der x-Achse.

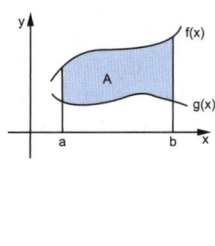

$$A = \int_a^b f(x)\,dx - \int_a^b g(x)\,dx$$

$$= \int_a^b [f(x) - g(x)]\,dx$$

Man subtrahiert von der oben liegenden Funktion die darunter liegende. Dann stimmen das bestimmte Integral und der Flächeninhalt überein.

2. Schneiden sich die Funktionen f und g im Intervall $I = [a;\,b]$, muss man, um die Berechnung nach 1 verwenden zu können, das Intervall in den Schnittpunkten aufspalten und jeweils in den Teilintervallen integrieren.

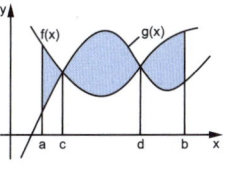

$$A = \int_a^c [f(x) - g(x)]\,dx + \int_c^d [g(x) - f(x)]\,dx + \int_d^b [f(x) - g(x)]\,dx$$

3. Als Spezialfälle von 2 ergeben sich folgende Flächen:
Die x-Achse ist der Graph der Funktion $y = 0$. Deshalb gilt, falls die Fläche unterhalb der x-Achse liegt:

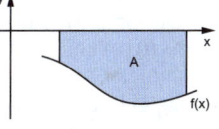

$$A = \int_a^b [0 - f(x)]\,dx = -\int_a^b f(x)\,dx = \left| \int_a^b f(x)\,dx \right|$$

Im allgemeinen Fall gilt:

$$A = -\int_a^c f(x)\,dx + \int_c^d f(x)\,dx$$
$$- \int_d^e f(x)\,dx + \int_e^b f(x)\,dx$$

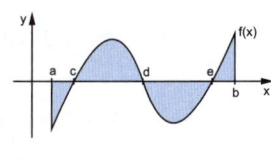

In den folgenden Beispielen wird auf die einleitende Kurvendiskussion verzichtet, d. h., es sind nur die Graphen gezeichnet und die gewünschten Flächen berechnet.

Beispiel 1. Bestimmen Sie den Inhalt der Fläche, die die Graphen der Funktionen $f: x \mapsto f(x) = \frac{1}{4}x^2$ und $g: x \mapsto g(x) = x - 2$ zwischen $x = 2$ und $x = 4$ miteinander einschließen.

Lösung:

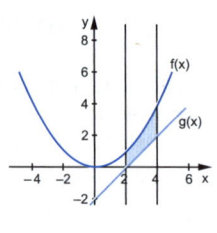

$$A = \int_{2}^{4} (f(x) - g(x))\, dx$$

$$= \int_{2}^{4} \left(\tfrac{1}{4}x^2 - x + 2\right) dx$$

$$= \left[\tfrac{1}{12}x^3 - \tfrac{x^2}{2} + 2x\right]_{2}^{4}$$

$$= \left(\tfrac{64}{12} - 8 + 8\right) - \left(\tfrac{8}{12} - 2 + 4\right)$$

$$= \tfrac{16}{3} - 8 + 8 - \tfrac{2}{3} + 2 - 4 = \tfrac{8}{3} \text{ FE}$$

2. Bestimmen Sie die Inhalte A_1 und A_2 der Flächen, die die Graphen der Funktionen $f: x \mapsto f(x) = -x^3 + 3x^2$ und $g: x \mapsto g(x) = x^2 - 3x$ miteinander einschließen.

Lösung:
Die Graphen schneiden sich in den Punkten $N_1(-1 \,|\, 4)$, $N_2(0 \,|\, 0)$ und $N_3(3 \,|\, 0)$. Für die gesuchten Flächeninhalte gilt:

$$A_1 = \int_{-1}^{0} (g(x) - f(x))\, dx$$

$$= \int_{-1}^{0} (x^2 - 3x + x^3 - 3x^2)\, dx$$

$$= \int_{-1}^{0} (x^3 - 2x^2 - 3x)\, dx$$

$$= \left[\tfrac{x^4}{4} - \tfrac{2x^3}{3} - \tfrac{3x^2}{2}\right]_{-1}^{0} = 0 - \left(\tfrac{1}{4} + \tfrac{2}{3} - \tfrac{3}{2}\right) = \tfrac{7}{12} \text{ FE}$$

$$A_2 = \int\limits_0^3 (f(x) - g(x))\, dx = \int\limits_0^3 (-x^3 + 2x^2 + 3x)\, dx$$

$$= \left[-\frac{x^4}{4} + \frac{2x^3}{3} + \frac{3x^2}{2} \right]_0^3 = -\frac{81}{4} + \frac{54}{3} + \frac{27}{2} = \frac{45}{4} \text{ FE}$$

5.3 Hauptsatz der Differenzial- und Integralrechnung

Die bei der Flächenberechnung auftretenden Gesetzmäßigkeiten legen einen engen Zusammenhang zwischen der Integration und der Differenziation nahe. Dieser wird im Folgenden untersucht.

Der Zahlenwert eines bestimmten Integrals hängt von der Wahl der Integrationsgrenzen ab. Wählt man die untere Grenze a fest und lässt die obere Grenze x variabel, dann entsteht eine Funktion F, die Integralfunktion.

Um eine Unterscheidung zwischen der Funktionsvariablen der Integrandenfunktion und der oberen Grenze x zu haben, wählt man für die Funktion f eine andere Variable, z. B. t.

Integralfunktion

$$F:\ x \mapsto F(x) = \int\limits_a^x f(t)\, dt,\ x \in D_F \text{ heißt Integralfunktion.}$$

---

1. $f(x) = x \ \Rightarrow\ F(x) = \int\limits_a^x t\, dt = \left[\frac{t^2}{2} \right]_a^x = \frac{x^2}{2} - \frac{a^2}{2}$ **Beispiel**

2. $F(x) = \int\limits_4^x \frac{1}{2\sqrt{t}}\, dt = \left[\sqrt{t} \right]_4^x = \sqrt{x} - \sqrt{4} = \sqrt{x} - 2$

3. $F(x) = \int\limits_a^x \frac{1}{t^2} dt$

Bestimmen Sie a so, dass der Punkt P(2|1) auf dem Graphen G_F der Funktion F liegt.

Lösung:

$$F(x) = \left[-\frac{1}{t}\right]_a^x = -\frac{1}{x} + \frac{1}{a} \implies F(2) = -\frac{1}{2} + \frac{1}{a} = 1$$
$$\implies a = \frac{2}{3}$$

Die Ableitung der Integralfunktion F führt auf den Hauptsatz der Differenzial- und Integralrechnung.

Hauptsatz der Differenzial- und Integralrechnung (HDI)
Jede Integralfunktion F einer stetigen Integrandenfunktion f ist differenzierbar. Ihre Ableitung ist die Integrandenfunktion f.

$$F(x) = \int\limits_a^x f(t)\, dt \implies F'(x) = f(x)$$

Anmerkungen:
- Jede Integralfunktion F ist auch eine Stammfunktion zur Funktion f, weil $F'(x) = f(x)$ gilt.
- Nicht jede Stammfunktion kann auch als Integralfunktion geschrieben werden, z. B. gibt es im Beispiel 1 auf der vorherigen Seite keine untere Grenze a für die Stammfunktion $F(x) = \frac{x^2}{2} + 1$, weil $\frac{a^2}{2} = -1$ keine Lösung besitzt.

Beispiel $f(x) = 2x - 1$: $F(x) = \int\limits_a^x (2t - 1)\, dt = \left[t^2 - t\right]_a^x = x^2 - x - (a^2 - a)$
$$\implies F'(x) = 2x - 1 - 0 = 2x - 1 = f(x)$$

5.4 Integrationsverfahren

Wie bei der Differenziation reichen auch bei der Integration die
Regeln für die Elementarfunktionen nicht aus, d. h., es müssen
noch einige allgemeine Integrationsregeln verwendet werden.
Im Folgenden sind die bereits bekannten Grundformeln der Integration nochmals zusammengestellt und an Beispielen verdeutlicht.

Integration mit Grundformeln

- Integral einer Summe

$$\int (f(x) + g(x))\,dx = \int f(x)\,dx + \int g(x)\,dx$$

- Integral mit konstantem Faktor

$$\int k \cdot f(x)\,dx = k \cdot \int f(x)\,dx$$

- Integral der Potenzfunktion $y = f(x) = x^n$

$$\int x^n\,dx = \frac{x^{n+1}}{n+1} + c, \qquad n \in \mathbb{R} \setminus \{-1\}$$

- Integral der Funktion $y = f(x) = \frac{1}{x}$

$$\int \frac{1}{x}\,dx = \ln|x| + c$$

- Integral einer Ableitungsfunktion

$$\int f'(x)\,dx = f(x) + c$$

---

1. $\int (x^2 + 3x - 2)\,dx = \frac{x^3}{3} + \frac{3x^2}{2} - 2x + c$ **Beispiel**

2. $\int \frac{x^3}{x+1}\,dx = \int \left(x^2 - x + 1 - \frac{1}{x+1} \right) dx$

$$= \frac{x^3}{3} - \frac{x^2}{2} + x - \ln|x+1| + c$$

3. $\int \frac{x}{\sqrt{x^2-1}}\,dx = \int \frac{2x}{2\sqrt{x^2-1}}\,dx = \sqrt{x^2-1} + c$

Bekannte Funktionen und ihre Ableitungen führen auf die folgenden Integrale.

Integration mit bekannten Funktionen
- Integration der Sinusfunktion
$$\int \sin x\, dx = -\cos x + c$$

- Integration der Kosinusfunktion
$$\int \cos x\, dx = \sin x + c$$

- Integration der natürlichen Exponentialfunktion
$$\int e^x\, dx = e^x + c$$

Beispiel

1. $\int \cos(ax)\, dx = \frac{1}{a}\sin(ax) + c$

2. $\int e^{ax+b}\, dx = \frac{1}{a} \cdot e^{ax+b} + c$

Wird eine (Elementar-)Funktion in x-Richtung verschoben und gestreckt, so gibt die folgende Formel eine einfache Berechnungsmöglichkeit für das unbestimmte Integral an.

Stammfunktion bei Verschiebung und Streckung in x-Richtung
Ist F eine Stammfunktion zur Funktion f, dann gilt:
$$\int f(ax+b)\, dx = \frac{1}{a} \cdot F(ax+b) + c$$

Beispiel

1. $\int \sin(2x+1)\, dx = -\frac{1}{2} \cdot \cos(2x+1) + c$

2. $\int e^{\frac{1}{2}x-4}\, dx = 2 \cdot e^{\frac{1}{2}x-4} + c$

Für eine Funktion f: $x \mapsto f(x) = \ln g(x)$ (mit $g(x) > 0$) gilt nach der Kettenregel:

$f'(x) = \frac{1}{g(x)} \cdot g'(x) = \frac{g'(x)}{g(x)}$

Kehrt man die Differenziation um, so erhält man:

Logarithmische Integration

$\int \frac{g'(x)}{g(x)} \, dx = \ln |g(x)| + c$ (falls $g(x) \neq 0$)

1. $\int \frac{2}{2x+3} \, dx = \ln |2x+3| + c$ **Beispiel**

2. $\int \frac{2x+5}{x^2+5x-8} \, dx = \ln |x^2+5x-8| + c$

Für eine Funktion f: $x \mapsto f(x) = e^{g(x)} + c$ gilt nach der Kettenregel:

$f'(x) = e^{g(x)} \cdot g'(x)$

Kehrt man das Differenzieren um, so erhält man:

Stammfunktion bei verketteter Exponentialfunktion

$\int g'(x) \, e^{g(x)} \, dx = e^{g(x)} + c$

1. $\int x \, e^{\frac{1}{2}x^2} \, dx = e^{\frac{1}{2}x^2} + c$ **Beispiel**

2. $\int \frac{1}{2\sqrt{x}} e^{\sqrt{x}} \, dx = e^{\sqrt{x}} + c$

Stochastik ◄

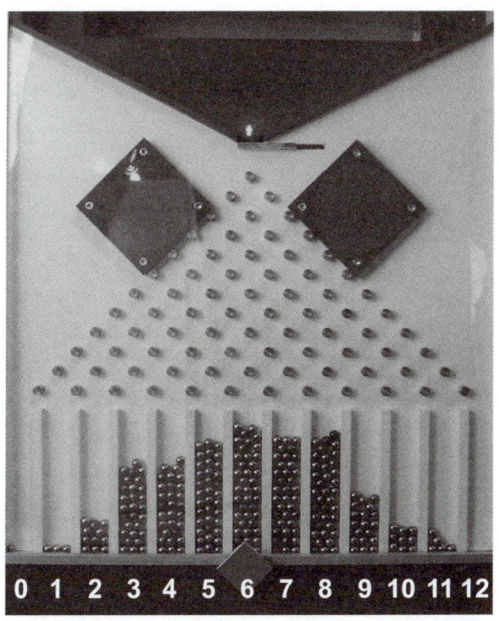

6 Wahrscheinlichkeit

Die Grundbegriffe der Stochastik (Wahrscheinlichkeitsrechnung) aus der Unter- und Mittelstufe werden als bekannt vorausgesetzt und ohne weitere Erklärung verwendet. Darunter fallen
die Zufallsexperimente, zu denen jeweils ein **Ergebnisraum** Ω
gehört. Jede Teilmenge E aus Ω nennt man ein **Ereignis**, wobei
alle Ereignisse aus Ω den **Ereignisraum** $P(\Omega)$ bilden. Tritt ein
Ereignis E bei n Versuchen k-mal ein, dann heißt

$$h_n(A) = \frac{k}{n}$$

die **relative Häufigkeit** des Ereignisses E in der Versuchsfolge.
Um einem Ereignis eine Wahrscheinlichkeit zuzuordnen, kann
man etwa bei Laplace-Wahrscheinlichkeiten

$$P(E) = \frac{|E|}{|\Omega|}$$

die Symmetrie von Zufallsexperimenten zu Hilfe nehmen, d. h.
das gleichwahrscheinliche Auftreten; z. B. wird bei einem idea-
len Würfel keine Augenzahl bevorzugt. Wenn man keine Gleich-
wahrscheinlichkeit erwarten kann, führt man das Zufallsexperiment sehr oft aus und stellt dabei fest, dass sich die relative
Häufigkeit $h_n(E)$ eines Ereignisses E um einen festen Zahlenwert stabilisiert. Diesen Wert setzt man anschaulich ungefähr
gleich dem Wert der Wahrscheinlichkeit, d. h. $h_n(E) \approx P(E)$. Für
eine Definition der Wahrscheinlichkeit ist dies mathematisch
problematisch, weil sich die relative Häufigkeit von Versuch zu
Versuch ändert. Abhilfe schaffte erst A. N. Kolmogorow mit
seinen berühmten drei Axiomen.

6.1 Definition einer Wahrscheinlichkeitsverteilung

1933 gelang es A. N. Kolmogorow (1903–1987) drei Axiome
anzugeben, die genügen, um eine Theorie der Wahrscheinlichkeit aufzubauen. Die drei Axiome orientieren sich an den Eigenschaften der relativen Häufigkeit.

Kolmogorow-Axiome

Eine Funktion P: $P(\Omega) \to \mathbb{R}$, die jedem Ereignis $A \in P(\Omega)$ eine Wahrscheinlichkeit P(A) zuordnet, heißt **Wahrschein-lichkeitsverteilung über Ω**, wenn für die Ereignisse $A, B \in P(\Omega)$ gelten:

1. **Nichtnegativität:** $P(A) \geq 0$
2. **Normiertheit:** $P(\Omega) = 1$
3. **Additivität:** $A \cap B = \{\} \Rightarrow P(A \cup B) = P(A) + P(B)$

Aus diesen Axiomen lassen sich folgende Eigenschaften der Wahrscheinlichkeitsverteilung herleiten:

(1) $P(\overline{A}) = 1 - P(A)$

(2) $P(\{\}) = 0$

(3) $0 \leq P(A) \leq 1$

(4) $A = \bigcup_{\omega \in A} \{\omega\} \Rightarrow P(A) = \sum_{\omega \in A} P(\{\omega\})$

Es genügt die Wahrscheinlichkeit aller Elementarereignisse zu kennen.

(5) $P(A \cup B) = P(A) + P(B) - P(A \cap B)$

$P(A \cup B)$ kann man aus Mengendiagramm und Vierfelder-tafel direkt gewinnen:

$P(A \cup B) = P(A \cap \overline{B}) + P(A \cap B) + P(\overline{A} \cap B)$

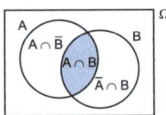
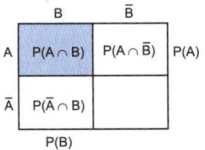

Eine Verallgemeinerung dieser Vereinigungswahrschein-lichkeit auf beliebig viele Ereignisse liefert der **Satz von Sylvester**. Für drei Ereignisse gilt z. B.:

$P(A \cup B \cup C) = P(A) + P(B) + P(C)$
$- P(A \cap B) - P(A \cap C) - P(B \cap C)$
$+ P(A \cap B \cap C)$

Beispiele für **Wahrscheinlichkeitsverteilungen**: **Beispiel**

1. Ideale Münze mit den Seiten W und Z

Einmaliger Münzenwurf

ω	W	Z
$P(\{\omega\})$	$\frac{1}{2}$	$\frac{1}{2}$

Zweimaliger Münzenwurf

ω	WW	WZ	ZW	ZZ
$P(\{\omega\})$	$\frac{1}{4}$	$\frac{1}{4}$	$\frac{1}{4}$	$\frac{1}{4}$

2. Ziehen einer Kugel aus einer Urne mit drei roten, zwei schwarzen und einer weißen Kugel

ω	r	s	w
$P(\{\omega\})$	$\frac{3}{6}$	$\frac{2}{6}$	$\frac{1}{6}$

Beispiele für **Rechenregeln**: **Beispiel**

Für die Ereignisse A und B eines Zufallsexperiments gilt:
$P(A) = 0,8$, $P(B) = 0,9$ und $P(A \cap B) = 0,72$

1. Berechnen Sie die Wahrscheinlichkeiten $P(\overline{A})$, $P(\overline{B})$ und $P(A \cup B)$.

2. Bestimmen Sie eine vollständige Vierfeldertafel und geben Sie die folgenden Wahrscheinlichkeiten an:
$P(\overline{A} \cap B)$, $P(A \cap \overline{B})$, $P(\overline{A} \cap \overline{B})$, $P(\overline{A} \cup \overline{B})$, $P(A \setminus B)$, $P(B \setminus A)$ und $P(A \setminus B) + P(B \setminus A)$

Lösung:

1. $P(\overline{A}) = 1 - P(A) = 0,2$; $\quad P(\overline{B}) = 1 - P(B) = 0,1$;
$P(A \cup B) = P(A) + P(B) - P(A \cap B) = 0,8 + 0,9 - 0,72 = 0,98$

2.

	B	$\overline{B}$	
A	0,72	0,08	0,8
$\overline{A}$	0,18	0,02	0,2
	0,9	0,1	1

$P(\overline{A} \cap B) = 0,18$;
$P(A \cap \overline{B}) = 0,08$;
$P(\overline{A} \cap \overline{B}) = 0,02$
$P(\overline{A} \cup \overline{B}) = P(\overline{A}) + P(\overline{B}) - P(\overline{A} \cap \overline{B})$
$\qquad = 0,2 + 0,1 - 0,02 = 0,28$

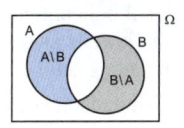

$P(A \setminus B) = P(A \cap \overline{B}) = 0,08$;
$P(B \setminus A) = P(\overline{A} \cap B) = 0,18$
$P(A \setminus B) + P(B \setminus A)$
$\qquad = P(A) + P(B) - 2 \cdot P(A \cap B)$
$\qquad = 0,8 + 0,9 - 2 \cdot 0,72 = 0,26$

6.2 Unabhängigkeit

Zwei Ereignisse A und B sind **stochastisch unabhängig**, wenn das Eintreten des einen Ereignisses (z. B. Ereignis A) das Eintreten des anderen Ereignisses (z. B. Ereignis B) nicht beeinflusst, d. h., wenn gilt: $P_A(B) = P(B)$

Dabei versteht man unter der bedingten Wahrscheinlichkeit

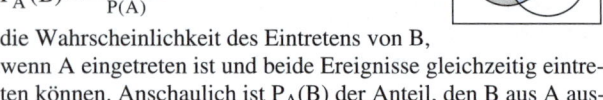

$$P_A(B) = \frac{P(A \cap B)}{P(A)}$$

die Wahrscheinlichkeit des Eintretens von B, wenn A eingetreten ist und beide Ereignisse gleichzeitig eintreten können. Anschaulich ist $P_A(B)$ der Anteil, den B aus A ausschneidet, bezogen auf A.

Wegen $P_A(B) = \frac{P(A \cap B)}{P(A)} = P(B)$ für stochastisch unabhängige

Ereignisse A, B folgt: $P(A \cap B) = P(A) \cdot P(B)$

Stochastische Unabhängigkeit
Die Ereignisse A und B heißen **(stochastisch) unabhängig**, wenn gilt:
$$P(A \cap B) = P(A) \cdot P(B)$$
Gilt diese Gleichung nicht, dann heißen die Ereignisse stochastisch abhängig.

Anmerkungen:
- Zwei Ereignisse A und B sind **unvereinbar**, wenn $A \cap B = \{\}$ gilt, d. h., **$P(A \cup B) = P(A) + P(B)$** gilt (Additionsregel). Zwei Ereignisse A und B sind stochastisch **unabhängig**, wenn **$P(A \cap B) = P(A) \cdot P(B)$** (Multiplikationsregel).
- Die stochastische Unabhängigkeit lässt sich auf beliebig viele Ereignisse erweitern. Allerdings müssen dann jeweils zwei, jeweils drei, … Ereignisse stochastisch unabhängig sein.
- Wenn n Ereignisse stochastisch unabhängig sind, dann enthält jede Teilmenge aus diesen n Ereignissen nur unabhängige Ereignisse.

- Da beim Ziehen mit Zurücklegen die Urneninhalte gleich bleiben, beeinflusst das Eintreten eines Ereignisses das Eintreten eines anderen nicht, d. h., das Ziehen mit Zurücklegen führt auf stochastisch unabhängige, das Ziehen ohne Zurücklegen auf stochastisch abhängige Ereignisse.

In einer Bevölkerung treten die Merkmale Haarfarbe und Augenfarbe unabhängig voneinander auf. 30 % der Bevölkerung sind blond und 42 % der Bevölkerung sind blauäugig.
Mit welcher Wahrscheinlichkeit ist eine zufällig ausgewählte Person der Bevölkerung blond und blauäugig?

Beispiel

Lösung:
Mit A: „Person ist blond" und B: „Person ist blauäugig" gilt:
$P(A \cap B) = P(A) \cdot P(B) = 0,30 \cdot 0,42 = 12,6 \%$

Wenn zwei Ereignisse zusammenwirken, dann können die Wahrscheinlichkeiten in einer **Vierfeldertafel** dargestellt werden. Wie sieht es dort mit der Unabhängigkeit aus?
Die Ereignisse A und B seien stochastisch unabhängig und es gelte $P(A) = a$ und $P(B) = b$. Dann sind auch die drei Ereignispaare A und $\overline{B}$, $\overline{A}$ und B sowie $\overline{A}$ und $\overline{B}$ stochastisch unabhängig, denn es gilt wie in der folgenden Vierfeldertafel:

Stochastische Unabhängigkeit von Ereignissen

	B	$\overline{B}$	
A	$a \cdot b$	$a - ab = a(1-b)$	a
$\overline{A}$	$b - ab = (1-a) \cdot b$	$\begin{array}{l}(1-b)-a(1-b)\\ = (1-a) \cdot (1-b)\end{array}$	$1-a$
	b	$1-b$	1

$$P(A \cap B) = P(A) \cdot P(B) \qquad P(\overline{A} \cap B) = P(\overline{A}) \cdot P(B)$$
$$P(A \cap \overline{B}) = P(A) \cdot P(\overline{B}) \qquad P(\overline{A} \cap \overline{B}) = P(\overline{A}) \cdot P(\overline{B})$$

Beispiel 1. Bei Kleinkindern treten die Krankheiten A und B unabhängig voneinander mit den Wahrscheinlichkeiten $P(A) = 0,12$ und $P(B) = 0,25$ auf.

Bestimmen Sie aus einer Vierfeldertafel die Wahrscheinlichkeiten, dass ein zufällig ausgewähltes Kleinkind

a) an keiner der beiden Krankheiten,

b) an genau einer der beiden Krankheiten leidet.

Lösung:

Wegen der stochastischen Unabhängigkeit gilt:

$P(A \cap B) = P(A) \cdot P(B) = 0,12 \cdot 0,25 = 0,03$

Damit kann man eine Vierfeldertafel erstellen:

	B	$\overline{B}$	
A	0,03	0,09	0,12
$\overline{A}$	0,22	0,66	0,88
	0,25	0,75	1

Die gesuchte Wahrscheinlichkeit erhält man aus der Vierfeldertafel oder aus der Produktform:

a) $P(\overline{A} \cap \overline{B}) = 0,66 = P(\overline{A}) \cdot P(\overline{B})$

b) $P(A \cap \overline{B}) + P(\overline{A} \cap B) = 0,09 + 0,22 = 0,31$
$$= P(A) \cdot P(\overline{B}) + P(\overline{A}) \cdot P(B)$$

2. Ein Restaurantbesitzer weiß aus Erfahrung, dass 20 % seiner Gäste keine Vorspeise und 30 % seiner Gäste keinen Nachtisch zu sich nehmen. 60 % aller Gäste essen sowohl Vorspeise als auch Nachtisch.

Überprüfen Sie, ob die Ereignisse A: „Gast isst Vorspeise" und B: „Gast isst Nachspeise" stochastisch unabhängig sind.

Lösung:

Es gilt:

$P(A) = 1 - P(\overline{A}) = 0,80$ und $P(B) = 1 - P(\overline{B}) = 0,70$

Wegen

$P(A \cap B) = 0,60$ und $P(A) \cdot P(B) = 0,80 \cdot 0,70 = 0,56$

gilt $P(A \cap B) \neq P(A) \cdot P(B)$, d. h., die Ereignisse A und B sind stochastisch abhängig.

3. Ein Gerät besteht aus zwei Bauteilen B_1 und B_2, die unabhängig voneinander arbeiten und wobei jedes nur mit einer Wahrscheinlichkeit von 2 % ausfällt. Sie sind wie folgt zusammengesetzt:

a)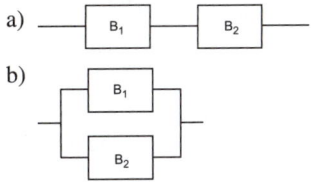

b)

Mit welcher Wahrscheinlichkeit „arbeitet" die jeweilige Schaltung?

Lösung:

Mit B_i: „Gerät i arbeitet" ($i = 1, 2$) erhält man:

a) Die Schaltung funktioniert, wenn B_1 **und** B_2 arbeiten, d. h. für das Ereignis $E_1 = B_1 \cap B_2$:

$$P(E_1) = P(B_1 \cap B_2)$$
$$= P(B_1) \cdot P(B_2)$$
$$= 0,98 \cdot 0,98$$
$$= 96,04 \%$$

b) Die Schaltung funktioniert, wenn B_1 **oder** B_2 arbeitet, d. h. für das Ereignis $E_2 = B_1 \cup B_2$:

$$P(E_2) = P(B_1 \cup B_2)$$
$$= P(B_1) + P(B_2) - P(B_1 \cap B_2)$$
$$= 0,98 + 0,98 - 0,9604$$
$$= 99,96 \%$$

oder

$$P(E_2) = P(B_1 \cup B_2)$$
$$= 1 - P(\overline{B_1 \cup B_2})$$
$$= 1 - P(\overline{B_1} \cap \overline{B_2})$$
$$= 1 - P(\overline{B_1}) \cdot P(\overline{B_2})$$
$$= 1 - 0,02 \cdot 0,02$$
$$= 99,96 \%$$

6.3 Zufallsvariable

Die Wahrscheinlichkeiten von Ereignissen lassen sich besonders gut berechnen, wenn den Ergebnissen des Zufallsexperiments Zahlen zugeordnet werden. Man definiert:

> **Zufallsgröße / Zufallsvariable**
> Eine Abbildung $Z: \Omega \to \mathbb{R}$, die jedem Ergebnis $\omega \in \Omega$ eines Zufallsexperiments eine reelle Zahl $Z(\omega) \in \mathbb{R}$ zuordnet, heißt **Zufallsgröße Z** oder **Zufallsvariable Z**.

Anmerkungen:
- Ereignisse lassen sich in Worten, durch Teilmengen aus Ω oder durch Zufallsvariable Z beschreiben. Die durch die Zufallsvariable Z beschriebenen Ereignisse sind miteinander unvereinbar.

- Die von der Zufallsvariablen Z angenommenen Werte bezeichnet man mit z_i. Für das Ereignis $\{\omega \mid Z(\omega) = z_i\}$ schreibt man kurz $Z = z_i$.

- Zufallsvariable werden mit großen Buchstaben wie X, Y, Z, … bezeichnet.

Beispiel Bei einem Glücksspiel wird eine ideale Münze mit den Seiten W (Wappen) und Z (Zahl) zweimal geworfen. Fällt zweimal Wappen, so erhält man 2 €, bei einmal Wappen 1 €. Fällt dagegen zweimal Zahl, so muss man 2 € bezahlen. Die Zufallsvariable Z gebe die Auszahlung in € an.
Bestimmen Sie die Werte der Zufallsvariablen und ihre Wahrscheinlichkeiten.

Lösung:
Z nimmt die Werte 2, 1 und –2 an. Die Zuordnung ergibt sich wie folgt:

Ergebnis	WW	WZ	ZW	ZZ
Auszahlung z_i	2	1	1	–2

Nun sind aber die Elementarereignisse mit Wahrscheinlichkeiten behaftet, wie sie dem folgenden Baumdiagramm entnommen werden können.

Jedem Ergebnis z_i kann dabei eine Wahrscheinlichkeit zugeordnet werden, sodass die folgenden Auszahlungswahrscheinlichkeiten entstehen:

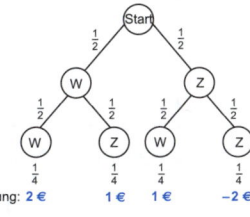

$P(Z = 2) = \frac{1}{4}$,

$P(Z = 1) = \frac{1}{4} + \frac{1}{4} = \frac{1}{2}$,

$P(Z = -2) = \frac{1}{4}$

Jedem Wert der Zufallsvariablen Z wird ein Wahrscheinlichkeitswert, d. h. ein Wert aus [0, 1], zugeordnet.

Tabellarisch:

Auszahlung z_i	2	1	–2
Wahrscheinlichkeit $P(Z = z_i)$	$\frac{1}{4}$	$\frac{1}{2}$	$\frac{1}{4}$

Aus dem vorangehenden Beispiel gewinnt man die allgemeine Definition einer Wahrscheinlichkeitsverteilung.

Wahrscheinlichkeitsverteilung

Über dem Ergebnisraum Ω eines Zufallsexperiments mit der Wahrscheinlichkeitsverteilung P sei eine Zufallsvariable Z definiert, die die Werte z_i, $i = 1, 2, \ldots, n$ annimmt. Dann heißt die Funktion

P: $z_i \mapsto P(Z = z_i)$

Wahrscheinlichkeitsverteilung oder Wahrscheinlichkeitsfunktion der Zufallsvariablen Z.

Darstellungsmöglichkeiten einer Wahrscheinlichkeitsverteilung (siehe das Beispiel von Seite 98):

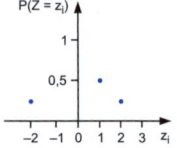 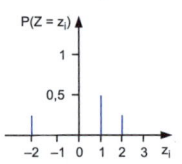 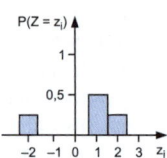

Funktionsgraph

Stabdiagramm
Die Stäbe haben
die Länge:
$W(z_i) = P(Z = z_i)$

Histogramm mit
$\Delta x = 1$
Die Flächeninhalte
der Rechtecke haben
den Wert:
$W(z_i) = P(Z = z_i)$

Häufig benötigt man zusammengesetzte Wahrscheinlichkeiten, die sich aus Einzelwahrscheinlichkeiten aufsummieren lassen. Für solche Summenwahrscheinlichkeiten führt man ein:

Kumulative Verteilungsfunktion
Die Funktion $F: z \mapsto F(z) = P(Z \leq z)$, $D_F = \mathbb{R}$, heißt kumulative Verteilungsfunktion der Zufallsvariablen Z.

Im Beispiel von Seite 98 gilt für die
kumulative Verteilungsfunktion F:

$$F(z) = \begin{cases} 0 & \text{für} \quad z < -2 \\ \frac{1}{4} & \text{für} \quad -2 \leq z < 1 \\ \frac{3}{4} & \text{für} \quad 1 \leq z < 2 \\ 1 & \text{für} \quad z \geq 2 \end{cases}$$

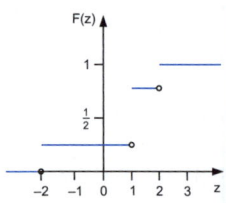

Anmerkungen:
• Die Verteilungsfunktion F einer Zufallsvariablen Z ist eine Treppenfunktion, die an den Stellen $Z = z_i$ Sprünge der Höhe $h_i = P(Z = z_i)$ macht.

- Die Verteilungsfunktion F ist monoton zunehmend und rechtsseitig stetig. Es gilt:

  $\lim\limits_{z \to -\infty} F(z) = 0$ und $\lim\limits_{z \to \infty} F(z) = 1$

- Mithilfe der Verteilungsfunktion F lassen sich folgende Wahrscheinlichkeiten berechnen:

  $P(Z \le a) = F(a)$

  $P(Z > b) = 1 - P(Z \le b) = 1 - F(b)$

  $P(a < Z \le b) = F(b) - F(a)$

Berechnen Sie aus dem Beispiel von Seite 98 die Wahrscheinlichkeiten $P(Z \le 0)$, $P(Z > 1)$ und $P(1 < Z \le 2)$.

Beispiel

Lösung:

$P(Z \le 0) = F(0) = \frac{1}{4}$

$P(Z > 1) = 1 - P(Z \le 1) = 1 - F(1) = 1 - \frac{3}{4} = \frac{1}{4}$

$P(1 < Z \le 2) = F(2) - F(1) = 1 - \frac{3}{4} = \frac{1}{4}$

6.4 Maßzahlen

Bei statistischen Erhebungen lassen sich häufig die erhobenen Daten durch einen Mittelwert, im Allgemeinen das arithmetische Mittel

$$\overline{z} = \frac{1}{n} \sum_{i=1}^{n} z_i,$$

„verdichten". Entsprechend dieser Mittelwertbildung definiert man:

Erwartungswert

Z sei eine Zufallsvariable, die die Zahlen $z_1, z_2, \ldots, z_n$ annehmen kann. Die reelle Zahl $\mu = E(Z)$ mit

$$\mathbf{E(Z)} = z_1 \cdot P(Z = z_1) + \ldots + z_n \cdot P(Z = z_n) = \sum_{i=1}^{n} \mathbf{z_i \cdot P(Z = z_i)}$$

heißt der Erwartungswert der Zufallsvariablen Z.

Anmerkungen:

- Der Mittelwert $\bar{z}$ bezieht sich auf die „Vergangenheit", d. h., es werden Informationen verwendet, die in einer Stichprobe tatsächlich aufgetreten sind.

- Der Erwartungswert E(Z) schaut in die „Zukunft", d. h., er sagt aus, dass sich bei sehr vielen Durchführungen des Zufallsexperiments ein Mittelwert E(Z) einstellen wird.

Beispiel Bei einem Spielautomaten sind die folgenden Auszahlungen Z in € mit den angegebenen Wahrscheinlichkeiten programmiert. Bei welchem Einsatz wäre das Spiel an diesem Automaten fair?

z	0	1	5	10
P(Z = z)	0,80	0,15	0,04	0,01

Lösung:

Ein Spiel ist **fair**, wenn der Erwartungswert der Auszahlungen mit dem Einsatz übereinstimmt. Im Beispiel gilt:

$E(Z) = 0 \cdot 0{,}80 + 1 \cdot 0{,}15 + 5 \cdot 0{,}04 + 10 \cdot 0{,}01 = 0{,}45$ €

Bei einem Einsatz von 45 Cent wäre das Spiel fair.

Als Maß für die Streuung der Werte einer Zufallsvariablen Z um den Erwartungswert E(Z) hat sich die Varianz Var(Z) durchgesetzt. Man definiert:

Varianz einer Zufallsvariablen

Ist Z eine Zufallsvariable, die die Werte z_1, z_2, …, z_n annehmen kann und den Erwartungswert $\mu = E(Z)$ besitzt, so heißt die reelle Zahl

$$\mathbf{Var(Z)} = (z_1 - \mu)^2 \cdot P(Z = z_1) + \ldots + (z_n - \mu)^2 \cdot P(Z = z_n)$$

$$= \sum_{i=1}^{n} (z_i - \mu)^2 \cdot P(Z = z_i)$$

die Varianz der Zufallsvariablen Z.

Anmerkung:
Aus der Definition der Varianz ergibt sich, dass die Varianz auch als Erwartungswert der quadratischen Abweichung vom Erwartungswert $\mu = E(Z)$ gedeutet werden kann, d. h.:

$$Var(Z) = E[(Z-\mu)^2] = \sum_{i=1}^{n} (z_i - \mu)^2 \cdot P(Z = z_i)$$

Wegen des Quadrats in der Formel für die Varianz bekommen „Ausreißer", d. h. Werte, die weit vom Erwartungswert $E(Z)$ entfernt sind, ein verhältnismäßig großes Gewicht. Ferner hat die Varianz die unanschauliche Dimension (Größe)^2. Um diese Nachteile etwas abzumindern, definiert man:

> **Standardabweichung**
> Der Wert $\sigma(Z) = \sqrt{Var(Z)}$ heißt Standardabweichung der Zufallsvariablen Z.

Ein Glücksrad hat vier Sektoren, die mit den Ziffern 1 bis 4 beschriftet sind. Jede Ziffer erscheint mit der gleichen Wahrscheinlichkeit. Das Glücksrad werde zweimal gedreht. Die Zufallsvariable Z gebe die Summe der beiden Ziffern an. Bestimmen Sie aus der Wahrscheinlichkeitsverteilung von Z die Maßzahlen $E(Z)$, $Var(Z)$ und $\sigma(Z)$. **Beispiel**

Lösung:
Für die Wahrscheinlichkeitsverteilung gilt:

z	2	3	4	5	6	7	8
$P(Z=z)$	$\frac{1}{16}$	$\frac{2}{16}$	$\frac{3}{16}$	$\frac{4}{16}$	$\frac{3}{16}$	$\frac{2}{16}$	$\frac{1}{16}$

Die Maßzahlen von Z berechnen sich damit zu:

$$E(Z) = 2 \cdot \tfrac{1}{16} + 3 \cdot \tfrac{2}{16} + 4 \cdot \tfrac{3}{16} + 5 \cdot \tfrac{4}{16} + 6 \cdot \tfrac{3}{16} + 7 \cdot \tfrac{2}{16} + 8 \cdot \tfrac{1}{16} = 5$$

$$Var(Z) = (2-5)^2 \cdot \tfrac{1}{16} + (3-5)^2 \cdot \tfrac{2}{16} + (4-5)^2 \cdot \tfrac{3}{16} + (5-5)^2 \cdot \tfrac{4}{16}$$
$$+ (6-5)^2 \cdot \tfrac{3}{16} + (7-5)^2 \cdot \tfrac{2}{16} + (8-5)^2 \cdot \tfrac{1}{16} = 2,5$$

$$\sigma(Z) = \sqrt{Var(Z)} \approx 1,58$$

7 Bernoulli-Kette und Binomialverteilung

Wenn bei einem Zufallsexperiment nur entschieden wird, ob ein bestimmtes Ereignis eingetreten ist oder nicht, spricht man von einem Bernoulli-Experiment, dessen n-malige Hintereinander-ausführung auf eine Bernoulli-Kette der Länge n führt. Die Binomialverteilung beschreibt, indem sie nach der Wahrscheinlichkeit für eine Trefferzahl fragt, das wiederholte Ausführen eines Bernoulli-Experiments unter jeweils gleichen Bedingungen, d. h. eine Bernoulli-Kette, so wie sie im Urnenmodell des Ziehens mit Zurücklegen geschrieben wird. Jede Bernoulli-Kette kann durch wiederholtes Ziehen aus einer Urne mit Zurücklegen simuliert werden.

Wenn man beim Modellieren solcher Bernoulli-Ketten nur Vermutungen über den Parameter p (Trefferwahrscheinlichkeit) besitzt, wird man mithilfe von Tests entscheiden, mit welcher Wahrscheinlichkeit eine solche Schätzung auftritt bzw. welche Fehlentscheidungen bei einer bestimmten Annahme möglich sind.

7.1 Binomialkoeffizient

Zu jeder Menge von n verschiedenen Elementen gibt es n! verschiedene mögliche Anordnungen, sogenannte Permutationen. Werden aus einer solchen n-Menge k Elemente ausgewählt, so gibt es dafür

$$n \cdot (n-1) \cdot \ldots \cdot (n-k+1) = \frac{n!}{(n-k)!}$$

Möglichkeiten. Will man nur k Elemente aus einer n-Menge auswählen und spielt ihre Reihenfolge keine Rolle, so fallen die k! Anordnungen weg, d. h., es verbleiben noch $\frac{n!}{k! \cdot (n-k)!}$ Möglichkeiten. Für diesen Ausdruck führt man im Folgenden eine neue Schreibweise ein.

Binomialkoeffizient

Für die Auswahl von k Elementen (ohne Wiederholung) aus einer Menge von n unterschiedlichen Objekten (k ≤ n) gibt es $\frac{n!}{k! \cdot (n-k)!}$ Möglichkeiten.

Die ganzen Zahlen

$$\binom{n}{k} = \begin{cases} \frac{n!}{k! \cdot (n-k)!}, & \text{falls } 0 \le k \le n \\ 0, & \text{falls } k > n \end{cases}$$

heißen **Binomialkoeffizienten** (gelesen: „k aus n", früher auch „n über k").

Anmerkung:
Die Binomialkoeffizienten

$\binom{n}{k}$ bilden das Pascal-Dreieck (siehe nebenstehende Skizze), in dem gerade die Koeffizienten stehen, die in den binomischen Formeln

auftreten. Daher rührt auch der Name. Es gilt z. B.:

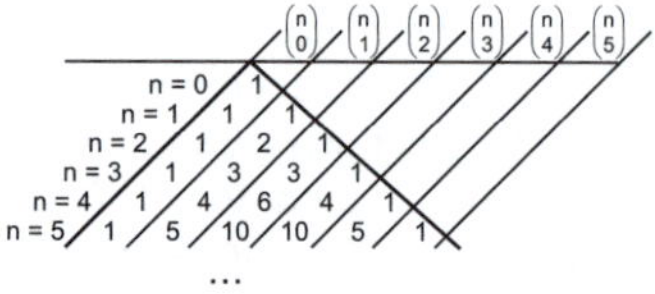

$$(a+b)^3 = \binom{3}{0}a^3b^0 + \binom{3}{1}a^2b^1 + \binom{3}{2}a^1b^2 + \binom{3}{3}a^0b^3$$

$$= a^3 + 3a^2b + 3ab^2 + b^3$$

Diese Koeffizienten haben folgende Eigenschaften:

$$\binom{n}{0} = \binom{n}{n} = 1; \quad \binom{n}{1} = \binom{n}{n-1} = n; \quad \binom{n}{k} = \binom{n}{n-k} \text{ für } 0 \le k \le n$$

Beispiel Aus einer Kursgruppe mit 20 Schülern können vier an einem kaufmännischen Betriebspraktikum teilnehmen.
Wie viele verschiedene Auswahlmöglichkeiten hat der Lehrer für dieses Praktikum?

Lösung:

Es gibt $\binom{20}{4} = \frac{20!}{4! \cdot 16!} = 4845$ Möglichkeiten der Auswahl.

7.2 Urnenmodelle

Die Urne ist deshalb ein wichtiges Zufallsgerät, weil mit ihr alle
Zufallsexperimente simuliert werden können. Daher werden bereits hier die Wahrscheinlichkeiten für diese Modelle angegeben
und an Beispielen betrachtet. Dabei unterscheidet man die
beiden Möglichkeiten des „Ziehens ohne Zurücklegen" und des
„Ziehens mit Zurücklegen".

Wahrscheinlichkeit beim Ziehen ohne Zurücklegen
Zieht man aus einer Urne mit N Kugeln, von denen K
(K ≤ N) schwarz sind, n Kugeln (n ≤ N) **ohne** Zurücklegen,
so gilt für die Anzahl Z der gezogenen schwarzen Kugeln:

$$P(Z = k) = \frac{\binom{K}{k} \cdot \binom{N-K}{n-k}}{\binom{N}{n}} \quad (0 \leq k \leq n)$$

Anmerkungen:
- Dieses Modell des Ziehens ohne Zurücklegen kann übertragen werden auf N Elemente, von denen K ein bestimmtes
  Merkmal besitzen. Aus diesen N Elementen werden n ausgewählt.

- Das Ziehen ohne Zurücklegen führt auf stochastisch abhängige Ereignisse.

In einer Lieferung von 50 Bauteilen befinden sich sechs, die nur **Beispiel**
als 2. Wahl verkauft werden können. Ein Käufer wählt auf gut
Glück acht der Bauteile aus.
Mit welcher Wahrscheinlichkeit findet er darunter
a) genau drei, die 2. Wahl sind,
b) mindestens eines, das 2. Wahl ist?

Lösung:

a) $P(Z = 3) = \dfrac{\binom{6}{3} \cdot \binom{44}{5}}{\binom{50}{8}} \approx 4,05\ \%$

b) $P(Z \geq 1) = 1 - P(Z = 0) = 1 - \dfrac{\binom{6}{0} \cdot \binom{44}{8}}{\binom{50}{8}} \approx 1 - 0{,}3301 = 66{,}99\ \%$

> **Wahrscheinlichkeit beim Ziehen mit Zurücklegen**
> Der Anteil $\frac{K}{N}$ schwarzer Kugeln in einer Urne sei p. Zieht man aus dieser Urne n Kugeln **mit** Zurücklegen, so gilt für die Anzahl Z der gezogenen schwarzen Kugeln:
>
> $$P(Z = k) = \binom{n}{k} \cdot p^k \cdot (1 - p)^{n - k} \quad (0 \leq k \leq n)$$

Anmerkungen:

- Beim Urnenmodell des Ziehens mit Zurücklegen kann man den Anteil p der schwarzen Kugeln als den Anteil p derjenigen Elemente, die ein bestimmtes Merkmal besitzen, interpretieren.

- Falls nur der Anteil p der Elemente, die ein bestimmtes Merkmal besitzen, angegeben ist und der Versuchsablauf ein Ziehen ohne Zurücklegen nahelegt, kann das Ziehen ohne Zurücklegen näherungsweise durch das Ziehen mit Zurücklegen ersetzt werden. Diese Näherung ist recht gut, wenn N, K und N − K im Vergleich zu n hinreichend groß sind.

- Da beim Ziehen mit Zurücklegen die Urneninhalte gleich bleiben, beeinflusst das Eintreten eines Ereignisses das Eintreten eines anderen nicht, d. h., das Ziehen mit Zurücklegen führt auf stochastisch unabhängige Ereignisse.

Beispiel 1. Ein guter Schütze trifft das Innere einer Zehnringscheibe mit einer Wahrscheinlichkeit von 95 %.
Mit welcher Wahrscheinlichkeit trifft er bei 50 Schüssen
a) genau 49-mal,
b) mindestens 48-mal
die Zehn im Inneren der Scheibe?

Lösung:

a) $P(Z = 49) = \binom{50}{49} \cdot 0{,}95^{49} \cdot 0{,}05^1 \approx 20{,}25\,\%$

b) $P(Z \geq 48) = P(Z = 48) + P(Z = 49) + P(Z = 50)$
$$= \binom{50}{48} \cdot 0{,}95^{48} \cdot 0{,}05^2 + \binom{50}{49} \cdot 0{,}95^{49} \cdot 0{,}05^1$$
$$+ \binom{50}{50} \cdot 0{,}95^{50} \cdot 0{,}05^0 \approx 54{,}05\,\%$$

2. In einer Bevölkerungsgruppe beträgt der Anteil der Personen, die an einer Allergie leiden, 30 %. Es werden zehn Personen ausgewählt.
   Mit welcher Wahrscheinlichkeit findet man
   a) genau vier,
   b) mehr Personen als erwartet,
   die an einer Allergie leiden?

   Lösung:

   a) $P(Z = 4) = \binom{10}{4} \cdot 0,3^4 \cdot 0,7^6 \approx 20,01\,\%$

   b) Es wird erwartet, dass $n \cdot p = 10 \cdot 0,3 = 3$ Personen an einer Allergie leiden (siehe Seite 112). Gesucht ist die Wahrscheinlichkeit

   $$P(Z > 3) = 1 - P(Z \leq 3)$$
   $$= 1 - P(Z = 0) - P(Z = 1) - P(Z = 2) - P(Z = 3)$$
   $$= 1 - \binom{10}{0} \cdot 0,3^0 \cdot 0,7^{10} - \binom{10}{1} \cdot 0,3^1 \cdot 0,7^9$$
   $$- \binom{10}{2} \cdot 0,3^2 \cdot 0,7^8 - \binom{10}{3} \cdot 0,3^3 \cdot 0,7^7$$
   $$\approx 35,04\,\%.$$

3. Eine Lieferung von Fliesen enthält 10 % Ausschussware. Ein Händler überprüft 50 auf gut Glück der Lieferung entnommene Fliesen.
   Mit welcher Wahrscheinlichkeit findet er genau vier Ausschuss-Stücke?

   Lösung:
   Obwohl das Überprüfen sicher als „Ziehen ohne Zurücklegen" stattfindet, wird das Ziehen mit Zurücklegen verwendet, weil nur der Anteil p der Ausschussfliesen bekannt ist. Es gilt:

   $$P(Z = 4) = \binom{50}{4} \cdot 0,1^4 \cdot 0,9^{46} \approx 18,09\,\%$$

7.3 Bernoulli-Experiment und Bernoulli-Kette

Jedes beliebige Zufallsexperiment kann zu einem Experiment mit zwei Ergebnissen gemacht werden, wenn man bei der Ausführung nur fragt, ob ein bestimmtes Ereignis E eingetreten ist (Treffer T) oder nicht (Niete N), d. h. $\Omega = \{T, N\} = \{1, 0\}$. Die Wahrscheinlichkeit für einen Treffer bezeichnet man mit $P(T) = p$ und die für eine Niete mit $P(N) = 1 - p$. Solche Zufallsexperimente haben einen eigenen Namen:

> **Bernoulli-Experiment**
> Ein Zufallsexperiment heißt Bernoulli-Experiment, wenn sein Ergebnisraum nur zwei Ergebnisse enthält.

Beispiel Ein Tetraeder mit den Seiten 1, 2, 3, 4 wird einmal geworfen. Das Werfen des Tetraeders wird zu einem Bernoulli-Experiment, wenn man z. B. fragt, ob eine 4 geworfen wurde oder nicht.

Wenn ein Bernoulli-Experiment mehrmals hintereinander ausgeführt wird, definiert man:

> **Bernoulli-Kette**
> Ein Zufallsexperiment, das aus n unabhängigen Durchführungen eines Bernoulli-Experiments besteht, heißt **Bernoulli-Kette der Länge n** oder eine **n-stufige Bernoulli-Kette**. Der Wert **p** der Wahrscheinlichkeit für einen Treffer heißt **Parameter der Bernoulli-Kette**.

Wenn eine Bernoulli-Kette der Länge n genau k Treffer besitzt, dann besitzt sie auch genau $n - k$ Nieten. Da die Ausführungen des Bernoulli-Experiments unabhängig voneinander erfolgen, gilt die Produktregel, d. h., die Wahrscheinlichkeiten werden multipliziert. Es gilt:

Wahrscheinlichkeit eines Ergebnisses

In einer Bernoulli-Kette der Länge n mit dem Parameter p hat jedes Ergebnis ω mit k Treffern und n − k Nieten die Wahrscheinlichkeit

$$P(\{\omega\}) = p^k \cdot (1-p)^{n-k} \quad (0 \le k \le n),$$

unabhängig davon, an welchen Stellen des n-Tupels die k Treffer stehen.

Ein Blumensamen keimt mit einer Wahrscheinlichkeit von 90 %. Beate steckt zehn Blumensamen in einer Reihe in ein Blumenbeet. Mit welcher Wahrscheinlichkeit keimen nur der zweite und der sechste der Samen nicht?

Beispiel

Lösung:

Es gilt $P(\{\omega\}) = 0{,}90^8 \cdot 0{,}10^2 \approx 0{,}43 \,\%$, weil acht der Samen keimen und zwei nicht.

Da man die k Treffer in einem solchen Ergebnis-n-Tupel auf $\binom{n}{k}$ Plätze verteilen kann, gibt es $\binom{n}{k}$ solche n-Tupel mit k Treffern. Es gilt:

Wahrscheinlichkeit eines Ereignisses

Für die Wahrscheinlichkeit, in einer Bernoulli-Kette der Länge n mit dem Parameter p genau k Treffer zu erzielen, gilt

$$P(Z = k) = \binom{n}{k} \cdot p^k \cdot (1-p)^{n-k} \quad (0 \le k \le n),$$

unabhängig davon, an welchen Stellen des n-Tupels die k Treffer stehen.

Anmerkung:

Es ergibt sich die Formel des Urnenmodells „Ziehen mit Zurücklegen", weil dort das Ziehen von Zug zu Zug mit der gleichen Wahrscheinlichkeit und unabhängig erfolgt.

Beispiel Beim vollautomatischen Verpacken eines Spielzeugartikels muss man mit 1 % beschädigter Artikel rechnen. Nach dem Verpacken werden 100 Artikel überprüft. Mit welcher Wahrscheinlichkeit findet man genau zwei beschädigte?

Lösung:

$$P(Z = 2) = \binom{100}{2} \cdot 0{,}01^2 \cdot 0{,}99^{98} \approx 18{,}49\,\%$$

7.4 Binomialverteilte Zufallsvariablen

Unter den Wahrscheinlichkeitsverteilungen von Zufallsvariablen gibt es eine Reihe, bei denen die Wahrscheinlichkeiten mithilfe einer Formel bzw. einer Tabelle bestimmt werden können. Besonders häufig wird die auf der Bernoulli-Kette aufbauende Verteilung, die Binomialverteilung, verwendet.

Binomialverteilung
Die Wahrscheinlichkeitsverteilung (für die Anzahl der Treffer) einer Bernoulli-Kette,

$$k \mapsto B(n; p; k) = \binom{n}{k} \cdot p^k \cdot (1-p)^{n-k}, \quad k \in \{0, \ldots, n\},$$

heißt Binomialverteilung.

Erwartungswert und Varianz einer binomialverteilten Zufallsgröße
Eine nach B(n; p) binomialverteilte Zufallsvariable Z hat den Erwartungswert $E(Z) = n \cdot p$
und die Varianz $Var(Z) = n \cdot p \cdot (1-p)$.

Ist Z eine nach B(n; p) binomialverteilte Zufallsgröße, schreibt man anstelle von B(n; p; k) auch $B_p^n(Z = k)$.

Für die zugehörige kumulative Verteilungsfunktion verwendet man die Bezeichnungen:

$$F_p^n(k) = B_p^n(Z \le k) = \sum_{i=0}^{k} B(n; p; i)$$

In einem Fremdenverkehrsort kehren die Fremdenführer wäh-
rend einer Stadtführung mit einer Wahrscheinlichkeit von 60 %
im Stadtcafé ein.

a) Bestimmen Sie die Wahrscheinlichkeit, dass der Fremdenführer mit den nächsten fünf Gruppen k-mal, $k \in \{0, 1, 2, 3,$
   $4, 5\}$, im Stadtcafé einkehrt. Zeichnen Sie das zugehörige
   Histogramm.

b) Geben Sie dann die Wahrscheinlichkeiten dafür an, dass der
   Fremdenführer mit diesen fünf Gruppen
   (1) höchstens einmal,
   (2) mindestens zweimal,
   (3) öfters als dreimal
   im Stadtcafé einkehrt.

Lösung:
a) Für die Zufallsvariable Z: „Einkehr im Stadtcafé" gilt:

$B_{0,6}^5 (Z = k) = B(5; 0,6; k)$

$$= \binom{5}{k} \cdot 0,6^k \cdot 0,4^{5-k}, k \in \{0, 1, \dots, 5\}$$

k	0	1	2	3	4	5
B(5; 0,6; k)	0,0102	0,0768	0,2304	0,3456	0,2592	0,0778

Mit den in der Tabelle berech-
neten Werten wird das Histogramm gezeichnet.

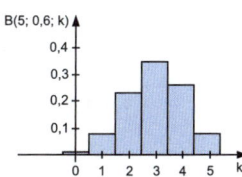

b) (1) $B_{0,6}^5 (Z \leq 1) = B_{0,6}^5 (Z = 0) + B_{0,6}^5 (Z = 1)$
   $= 0,0102 + 0,0768 = 0,0870 = 8,7 \%$

   (2) $B_{0,6}^5 (Z \geq 2) = B_{0,6}^5 (Z = 2) + B_{0,6}^5 (Z = 3) + B_{0,6}^5 (Z = 4)$
   $+ B_{0,6}^5 (Z = 5)$
   $= 0,2304 + 0,3456 + 0,2592 + 0,0778$
   $= 0,9130 = 91,3 \%$

Oder:
$$B_{0,6}^5(Z \geq 2) = 1 - B_{0,6}^5(Z \leq 1) = 1 - 0,0870$$
$$= 0,9130 = 91,3\,\%$$

(3) $B_{0,6}^5(Z > 3) = B_{0,6}^5(Z \geq 4) = B_{0,6}^5(Z = 4) + B_{0,6}^5(Z = 5)$
$$= 0,2592 + 0,0778 = 0,3370 = 33,7\,\%$$

Die Binomialverteilung mit $p = 0,5$ weist eine Symmetrie auf:

Symmetrie der Binomialverteilung mit $p = 0,5$
Jede Binomialverteilung mit $p = 0,5$ ist zu sich selbst symmetrisch, denn:
$$B(n; 0,5; k) = \binom{n}{k} \cdot 0,5^k \cdot 0,5^{n-k} = \binom{n}{n-k} \cdot 0,5^{n-k} \cdot 0,5^k$$
$$= B(n; 0,5; n-k)$$

 Beispiel

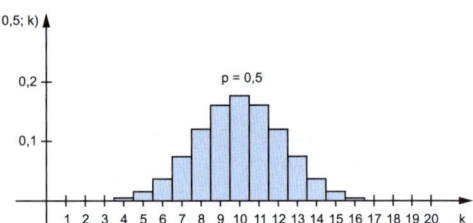

Da alle Binomialverteilungen mit gleichen Parametern p und n, ohne Rücksicht auf Inhalt und Umfang der Grundgesamtheit, gleiche Wahrscheinlichkeitswerte $B(n; p; k)$ besitzen, kann man für ausgewählte, d. h. häufig auftretende Werte von n und p die Werte tabelliert angeben. Die Tabelle der Binomialverteilung enthält die Werte $B(n; p; k)$ bzw. $B(n; 1-p; n-k)$.

Im Folgenden findet man einen Tabellenausschnitt, wobei nur die Dezimalstellen nach 0,... aufgeführt sind:

n	k \ p	0,20	0,25	0,30	$\frac{1}{3}$	0,35	0,40	0,45	0,50	
10	0	10737	05631	02825	01734	01346	00605	00253	00098	10
	1	26844	18771	12106	08671	07249	04031	02072	00977	9
	2	30199	28157	23347	19509	17565	12093	07630	04395	8
	3	20133	25028	26683	26012	25222	21499	16648	11719	7
	4	08808	14600	20012	22761	23767	25082	23837	20508	6
	5	02642	05840	10292	13656	15357	20066	23403	24609	5
	6	00551	01622	03676	05690	06891	11148	15957	20508	4
	7	00079	00309	00900	01626	02120	04247	07460	11719	3
	8	00007	00039	00145	00305	00428	01062	02289	04395	2
	9	00000	00003	00014	00034	00051	00157	00416	00977	1
	10		00000	00001	00002	00003	00010	00034	00098	0
n		0,80	0,75	0,70	$\frac{2}{3}$	0,65	0,60	0,55	0,50	p \ k

$B(10; 0,2; 2) = 0,30199 \approx 30,20\,\%$ **Beispiel**

Man sucht in der Tabelle die Seite mit $n = 10$, geht in diesem
Abschnitt zu $p = 0,2$ und liest unter $k = 2$ den gesuchten Wert ab.

Die Tabelle der **kumulativen Binomialverteilung** enthält die
Werte $B_p^n(Z \leq k) = F_p^n(k)$.
Im Folgenden findet man einen Ausschnitt aus der Tabelle.

n	k \ p	0,20	0,25	0,30	$\frac{1}{3}$	0,35	0,40	0,45	0,50
10	0	10737	05631	02825	01734	01346	00605	00253	00098
	1	37581	24403	14931	104505	08595	04636	02326	01074
	2	67780	52559	38278	29914	26161	16729	09956	05469
	3	87913	77588	64961	55926	51383	38228	26604	17188
	4	96721	92187	84973	78687	75150	63310	50440	37695
	5	99363	98027	95265	92344	90507	83376	73844	62305
	6	99914	99649	98941	98034	97398	94524	89801	82813
	7	00002	99958	99841	99660	99518	98771	97261	94531
	8		99997	99986	99964	99946	99832	99550	98926
	9			99999	99998	99997	99990	99966	99902

$B_{0,4}^{10}(Z \leq 5) = 0,83376 \approx 83,38\,\%$ **Beispiel**

Um mit der kumulativen Tabelle arbeiten zu können, müssen alle Wahrscheinlichkeiten auf Ereignisse der Form „$Z \leq k$" umgeschrieben werden. Es gelten:

$B_p^n(Z < k) = B_p^n(Z \leq k-1):$

$$B_{0,4}^{100}(Z < 42) = B_{0,4}^{100}(Z \leq 41)$$
$$= 0,62253 \approx 62,25\,\%$$

$B_p^n(Z > k) = 1 - B_p^n(Z \leq k):$

$$B_{0,3}^{50}(Z > 16) = 1 - B_{0,3}^{50}(Z \leq 16)$$
$$= 1 - 0,68388$$
$$= 0,31612 \approx 31,61\,\%$$

$B_p^n(Z \geq k) = 1 - B_p^n(Z \leq k-1):$

$$B_{0,8}^{200}(Z \geq 160) = 1 - B_{0,8}^{200}(Z \leq 159)$$
$$= 1 - 0,45782$$
$$= 0,54218 \approx 54,22\,\%$$

$B_p^n(k_1 < Z \leq k_2) = B_p^n(Z \leq k_2) - B_p^n(Z \leq k_1):$

$$B_{0,2}^{100}(18 < Z \leq 25) = B_{0,2}^{100}(Z \leq 25) - B_{0,2}^{100}(Z \leq 18)$$
$$= 0,91252 - 0,36209$$
$$= 0,55043 \approx 55,04\,\%$$

Beispiel 1. Bei der Herstellung von „Billig-Glühlampen" entsteht erfahrungsgemäß ein Ausschuss von 10 %. Sie werden ohne Kontrolle abgegeben.
Mit welcher Wahrscheinlichkeit findet man unter 50 Glühlampen
a) genau fünf,
b) mindestens sieben,
c) höchstens vier,
d) mehr als zwei und weniger als zehn
defekte Lampen?

Lösung:

a) $B_{0,1}^{50}(Z=5) = 0,18492 \approx 18,49\,\%$

b) $B_{0,1}^{50}(Z \geq 7) = 1 - B_{0,1}^{50}(Z \leq 6)$

$\qquad\qquad\quad = 1 - 0,77023 = 0,22977 \approx 22,98\,\%$

c) $B_{0,1}^{50}(Z \leq 4) = 0,43120 = 43,12\,\%$

d) $B_{0,1}^{50}(2 < Z < 10) = B_{0,1}^{50}(Z \leq 9) - B_{0,1}^{50}(Z \leq 2)$

$\qquad\qquad\qquad\quad = 0,97546 - 0,11173$

$\qquad\qquad\qquad\quad = 0,86373 \approx 86,37\,\%$

2. In einem Metall verarbeitenden Betrieb sind 80 % der Mitarbeiter bereit, wegen eines Großauftrags Überstunden zu machen.
   Mit welcher Wahrscheinlichkeit findet man unter zwölf zufällig ausgewählten Mitarbeitern genau zehn, die bereit sind, Überstunden zu machen?

   Lösung:

   $$B_{0,8}^{12}(Z=10) = \binom{12}{10} \cdot 0,8^{10} \cdot 0,2^2 \approx 28,35\,\%$$

   (Taschenrechner, da n = 12 nicht tabelliert!)

3. Die Wahrscheinlichkeit, dass ein Fahrgast in einer U-Bahn Schwarzfahrer ist, beträgt 5 %. Es werden 100 Einzelkontrollen durchgeführt.
   a) Mit welcher Wahrscheinlichkeit findet man mindestens drei, aber höchstens acht Schwarzfahrer?
   b) Mit welcher Wahrscheinlichkeit werden genau vier Schwarzfahrer ertappt, die sich unter den ersten 50 Kontrollierten befinden?

   Lösung:

   a) $B_{0,05}^{100}(3 \leq Z \leq 8) = B_{0,05}^{100}(Z \leq 8) - B_{0,05}^{100}(Z \leq 2)$

   $\qquad\qquad\qquad\qquad = 0,93691 - 0,11826$

   $\qquad\qquad\qquad\qquad = 0,81865 \approx 81,87\,\%$

   b) $B_{0,05}^{50}(Z=4) \cdot B_{0,05}^{50}(Z=0) = 0,13598 \cdot 0,07694 \approx 1,05\,\%$

4. Binomialverteilungen lassen sich durch Simulationen experimentell darstellen, z. B. kann man den n-fachen Münzwurf sehr oft ausführen. Die relativen Häufigkeiten für 0, 1, …, n Treffer nähern sich der Binomialverteilung $B(n; 0,5)$ an.
   Das Beispiel schlechthin für eine experimentelle Binomialverteilung liefert das von Sir Francis Galton (1822–1911) entwickelte **Galton-Brett**.
   Möglicher Aufbau: In ein lotrechtes Brett sind Nägel so eingeschlagen, dass sie ein Quadratgitter erzeugen. Ein Trichter lenkt kleine Bleikugeln auf den ersten Nagel.

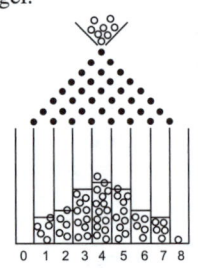

   Die Kugeln werden auf ihrer Bahn von diesem und den folgenden Nägeln abgelenkt und sammeln sich in Fächern, die unter der letzten Nagelreihe angebracht sind. Im nebenstehenden Bild ist ein achtreihiges Galton-Brett verwendet, d. h., es gibt neun Auffangfächer F_i mit $i = 0, 1, …, 8$. Stehen Kugeldurchmesser und Abstände der Nägel in einem günstigen Verhältnis und lässt man sehr viele Kugeln so wie beschrieben laufen, dann erhält man das Bild der Binomialverteilung mit $p = 1 - p = 0,5$. Die Kugeln laufen in das Fach F_i, $i = 0, 1, …, 8$, mit den in der folgenden Tabelle angegebenen Wahrscheinlichkeiten:

i	0	1	2	3	4
B(8; 0,5; i)	0,004	0,031	0,109	0,219	0,273

i	5	6	7	8
B(8; 0,5; i)	0,219	0,109	0,031	0,004

7.5 Signifikanztest

In der Praxis ist es oft nötig, eine Behauptung (Hypothese) auf ihren Wahrheitsgehalt zu testen, ohne dass man alle betroffenen Objekte befragen oder untersuchen kann. Daher wählt man aus der Grundgesamtheit eine geeignete repräsentative Stichprobe aus und testet an ihr die Gültigkeit der Hypothese.

Grundgesamtheit und Stichprobe

Eine **Grundgesamtheit** ist die Menge aller Ereignisse (Individuen, Objekte, Sachverhalte etc.), die als Realisierung einer Zufallsgröße X möglich sind.

Das n-Tupel $(X_1, X_2, ..., X_n)$ heißt **Stichprobe** der Länge n aus der Zufallsgröße X, wenn alle X_i stochastisch unabhängig sind und die gleiche Wahrscheinlichkeitsverteilung wie X besitzen.

Anmerkungen:
- Eine Stichprobe ist repräsentativ, wenn sie ein Abbild der Grundgesamtheit ist.
- Die Genauigkeit einer Stichprobe hängt von ihrer Länge ab, d. h., nur genügend lange Stichproben sind repräsentativ.

In der Wahrscheinlichkeitsrechnung sind die stochastischen Eigenschaften der Grundgesamtheit bekannt, sodass Wahrscheinlichkeiten von Stichprobenresultaten (Ereignissen) berechnet werden können. Beim Hypothesentest wird dagegen aus der Stichprobe geschlossen, ob gewisse Vermutungen (Hypothesen) über unbekannte Parameter der Wahrscheinlichkeitsverteilung mit einer vorgegebenen Irrtumswahrscheinlichkeit abgelehnt werden müssen oder nicht.

Test

Ein statistischer Test ist ein Verfahren, um zu entscheiden, ob die von einer Stichprobe gelieferten Daten einer Hypothese über die unbekannte Grundgesamtheit widersprechen.

Je nach Formulierung einer Hypothese unterscheidet man verschiedene Arten von Hypothesentests. Wir betrachten im Folgenden den einseitigen Signifikanztest in einer binomial-verteilten Grundgesamtheit, bei dem eine Entscheidung über eine **Hypothese H_0 (Nullhypothese)** getroffen wird.

> **Signifikanztest**
> Ein Entscheidungsverfahren, bei dem festgestellt wird, ob eine Hypothese H_0 verworfen wird oder nicht, heißt **Signifikanztest**.

Beim einseitigen Signifikanztest wird eine zusammengesetzte Hypothese der Form H_0: $p \leq p_0$ oder H_0: $p \geq p_0$ getestet.

> **Einseitiger Signifikanztest**
> Ein Signifikanztest heißt einseitig, wenn die Nullhypothese in der Form H_0: $p \leq p_0$ **(rechtsseitiger Signifikanztest)** oder H_0: $p \geq p_0$ **(linksseitiger Signifikanztest)** formuliert werden kann.

Anmerkungen:
- Bei diesen Signifikanztests testet man immer den „schlechtest möglichen Fall" über die Randwahrscheinlichkeit p_0.
- Die **Gegenhypothese H_1 (Alternativhypothese)** lautet beim rechtsseitigen Signifikanztest H_1: $p > p_0$, beim linksseitigen Signifikanztest H_1: $p < p_0$.
- Da man nur feststellt, ob eine Nullhypothese abgelehnt wird oder nicht, interessiert im Allgemeinen nicht, welche andere Hypothese eventuell wahr ist.

Beim **linksseitigen Signifikanztest** lautet die Nullhypothese H_0: $p \geq p_0$, die Gegenhypothese H_1: $p < p_0$. Bei einer Stichprobe der Länge n wird die Nullhypothese abzulehnen sein, wenn die Testgröße mit der Wertemenge $\{0, ..., n\}$ zu kleine Werte an-nimmt. Für den **Ablehnungsbereich A** gilt daher $A = \{0, ..., g\}$, für den **Annahmebereich A** gilt $A = \{g + 1, ..., n\}$.

Entscheidend ist bei jedem Test die Frage, wie g gewählt werden muss, um eine sinnvolle Entscheidungsregel, d. h. einen sinnvollen Annahme- und Ablehnungsbereich festzulegen.

Entscheidungsregel
Annahmebereich A und Ablehnungsbereich $\overline{A}$ bestimmen die Entscheidungsregel eines Signifikanztests.
Für den linksseitigen Signifikanztest gilt:
$\overline{A} \cup A = \{0, ..., g\} \cup \{g + 1, ..., n\} = \{0, ..., n\}$

Anmerkung:
Da immer von einer binomialverteilten Grundgesamtheit ausgegangen wird, kann der Erwartungswert für die Nullhypothese zu $E(X) = n \cdot p_0$ berechnet werden. Dieser Wert wird immer im Annahmebereich liegen.

Graphische Veranschaulichung der Entscheidungsregel beim linksseitigen Signifikanztest.

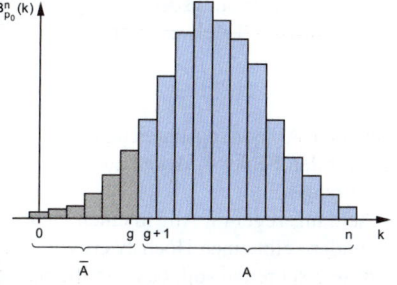

Die Partei A behauptet, bei der nächsten Wahl mindestens 60 % **Beispiel** der Wählerstimmen zu erhalten. In einer Stichprobe von 100 repräsentativ ausgewählten Wählern erklären 56, bei der nächsten Wahl die Partei A zu wählen.
Ist die Behauptung der Partei aufgrund dieses Umfrageergebnisses nun anzunehmen oder abzulehnen? Geben Sie eine Entscheidungsregel an, sodass die Behauptung abzulehnen ist.

Lösung:

Die Nullhypothese lautet H_0: „Mindestens 60 % wählen die Partei A." oder H_0: $p \geq 0,6$.

Die Gegenhypothese ist H_1: „Weniger als 60 % wählen die Partei A." oder H_1: $p < 0,6$.

Die Stichprobe besitzt die Länge $n = 100$.

Die Testgröße ist die Anzahl der A-Wähler unter den 100 Befragten.

Der Erwartungswert $E(X) = n \cdot p_0 = 100 \cdot 0,6 = 60$ muss im Annahmebereich liegen.

Wenn die Behauptung der Partei A aufgrund dieses Stichprobenergebnisses abgelehnt wird, muss das Stichprobenergebnis von 56 A-Wählern im Ablehnungsbereich liegen.

Damit ergäbe sich also die Entscheidungsregel $\overline{A} = \{0, \ldots, 56\}$, $A = \{57, \ldots, 100\}$.

Hier stellt sich nun die Frage, wie groß die Wahrscheinlichkeit α ist, dabei den sogenannten **Fehler 1. Art** zu begehen, nämlich die Nullhypothese fälschlicherweise abzulehnen, weil das Testergebnis nur zufällig im Ablehnungsbereich liegt. Diese Wahrscheinlichkeit kann mithilfe des Tafelwertes ermittelt werden:

$$\alpha = B_{0,6}^{100}(Z \leq 56) = 0,24$$

Es zeigt sich, dass der gewählte Ablehnungsbereich zu groß ist. Die Wahrscheinlichkeit α für den Fehler 1. Art ist zu hoch, die Entscheidungsregel ist zu streng.

Man legt daher die Entscheidungsregel im Allgemeinen nicht einfach willkürlich fest, sondern gibt einen Höchstwert vor, den der Fehler 1. Art nicht überschreiten soll, das Signifikanzniveau α.

Signifikanzniveau

Das **Signifikanzniveau α** eines Signifikanztests gibt die maximale Irrtumswahrscheinlichkeit für den Fehler 1. Art an.

Für das vorhergehende Beispiel soll nun die Entscheidungsregel **Beispiel** auf einem Signifikanzniveau von 5 % bestimmt werden.

Lösung:
Es muss gelten: $B_{0,6}^{100}(Z \le g) \le 0,05$

Aus dem Tafelwerk entnimmt man: $g = 51$

Damit ergibt sich als Entscheidungsregel:

$\overline{A} = \{0, ..., 51\}; A = \{52, ..., 100\}$

H_0 wird abgelehnt, wenn höchstens 51 der befragten 100 Wähler die Partei A wählen.

Wie auf Seite 120 bereits dargestellt wurde, ist die Nullhypothese beim **rechtsseitigen Signifikanztest** von der Form $H_0: p \le p_0$, die Gegenhypothese $H_1: p > p_0$.

Die Entscheidungsregel lautet daher:

Annahmebereich $A = \{0, ..., g\}$,

Ablehnungsbereich $\overline{A} = \{g+1, ..., n\}$

Grafische Veranschaulichung:

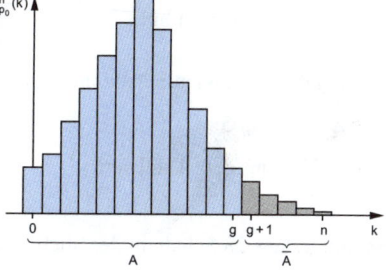

Bei gegebenem Signifikanzniveau α gilt für die Bestimmung des Ablehnungsbereichs die Bedingung:

$$B_{p_0}^n (Z \geq g + 1) \leq \alpha$$

Um das Tafelwerk einsetzen zu können, muss diese Bedingung erst umgeformt werden:

$$1 - B_{p_0}^n (Z \leq g) \leq \alpha$$

$$-B_{p_0}^n (Z \leq g) \leq \alpha - 1$$

$$B_{p_0}^n (Z \leq g) \geq 1 - \alpha$$

Nun kann der kritische Wert g aus dem Tafelwerk abgelesen und die Entscheidungsregel bestimmt werden.

Beispiel Bei Schafen tritt die Krankheit S auf. Durch einen Signifikanztest auf dem Signifikanzniveau 5 % soll die Nullhypothese H_0: „Höchstens 10 % der Schafe haben die Krankheit S" mit einer Stichprobe der Länge $n = 200$ getestet werden. Bestimmen Sie die Entscheidungsregel.

Lösung:
Das Wort „Höchstens" in der Formulierung der Nullhypothese weist auf einen rechtsseitigen Signifikanztest hin.

H_0: $p \leq 0{,}10$; $n = 200$; $E(Z) = 200 \cdot 0{,}1 = 20$

$\overline{A} = \{g + 1, \ldots, n\}$; Z: „Anzahl der erkrankten Schafe unter 200"

$$B_{0,1}^{200} (Z \geq g + 1) = 1 - B_{0,1}^{200} (Z \leq g) \leq 0{,}05$$

$$B_{0,1}^{200} (Z \leq g) \geq 0{,}95 \quad \Rightarrow \quad g = 27 \quad \text{(aus dem Tafelwerk)}$$

$$\Rightarrow \quad \overline{A} = \{28, \ldots, 200\}$$

H_0 wird abgelehnt, wenn mindestens 28 Schafe in der Stichprobe an S erkrankt sind.

Der **klassische Ansatz des Signifikanztests** nach Jerzy Neyman (1894–1981) und Egon Pearson (1895–1980) ähnelt in seiner Ausführung dem indirekten Beweis: Um eine Hypothese nicht zu verwerfen, untersucht man, ob die gegenteilige Annahme (= nicht gewünschte Hypothese = Nullhypothese H_0) mit dem Stichprobenergebnis unverträglich ist. Man untersucht also, ob das Versuchsergebnis unter der Annahme der Nullhypothese H_0 nur mit einer sehr geringen Wahrscheinlichkeit eintritt. Als Nullhypothese H_0 wählt man immer die Hypothese, die man verwerfen möchte. Neyman und Pearson gaben die Stichprobenlänge n sowie die Wahrscheinlichkeit eines Fehlers 1. Art (α-Fehler, Signifikanzniveau, meistens 5 % oder 1 %) vor und bestimmten mithilfe dieser Größe den kritischen Bereich $\overline{A}$ für die Nullhypothese. Je kleiner man α wählt, umso vorsichtiger ist man bei der Ablehnung von H_0. Wenn selbst bei kleinem Wert von α eine Ablehnung von H_0 erfolgt, spricht man von hoher Signifikanz.

Ein **Signifikanztest** läuft (fast) immer in den folgenden Schritten ab:

Signifikanztest

1. Wie lautet die Nullhypothese H_0?

2. Wie groß ist der Stichprobenumfang n des Tests und welches Signifikanzniveau α ist vorgegeben?

3. Welche Testgröße wird zur Prüfung verwendet und wie lautet der Ablehnungsbereich $\overline{A}$?

4. Wie wird aufgrund des Stichprobenergebnisses entschieden?

Bei der Annahme oder Ablehnung der Nullhypothese sind grundsätzlich vier Fälle möglich, die sich schematisch darstellen lassen. Der α-Fehler ist dabei die eine der beiden möglichen falschen Entscheidungen, die andere wird β-Fehler genannt.

Realität	Entscheidung aufgrund der Stichprobe:	
	Ergebnis aus A: Annahme von H_0	Ergebnis aus $\overline{A}$: Ablehnung von H_0
H_0 trifft zu $p = p_0$	Richtige Entscheidung $\downarrow$ $B_{p_0}^n (X \in A)$	**Falsche Entscheidung** Fehler 1. Art („α-Fehler") $\alpha = B_{p_0}^n (X \in \overline{A})$
H_0 trifft nicht zu $p = p_1$	**Falsche Entscheidung** Fehler 2. Art („β-Fehler") $\beta = B_{p_1}^n (X \in A)$	Richtige Entscheidung $\downarrow$ $B_{p_1}^n (X \in \overline{A})$

Beispiel Charterflüge haben öfters Verspätung. Ein Angestellter eines Reisebüros behauptet, dass dies bei mindestens 40 % aller Flüge der Fall sei. Er schlägt vor, die nächsten 200 Charterflüge auf Verspätung, d. h. die Hypothese H_0: $p_0 \geq 0{,}40$ auf dem 5 %-Signifikanzniveau zu überprüfen. Es wurden 75 verspätete Flüge festgestellt.
Wie wird man entscheiden?

Lösung:
H_0: „Mindestens 40 % aller Flüge haben Verspätung."
Das Wort „Mindestens" in der Formulierung der Nullhypothese weist auf einen linksseitigen Signifikanztest hin.

H_0: $p_0 \geq 0{,}40$; $n = 200$; $\overline{A} = \{0, ..., g\}$; $\alpha = 5\%$;

X: „Anzahl verspäteter Charterflüge"
Es muss gelten:
$\alpha = B_{0,4}^{200} (X \leq g) \leq 0{,}05$

Aus der Tabelle liest man ab: $g = 68$ $\Rightarrow$ $\overline{A} = \{0, ..., 68\}$
Wegen $75 \notin \overline{A}$ wird H_0 aufgrund des Stichprobenergebnisses auf dem 5 %-Signifikanzniveau nicht abgelehnt.

Geometrie ◄

8   Koordinatengeometrie im Raum

Die Grundlage der Geometrie der Oberstufe ist das Rechnen mit
Vektoren im dreidimensionalen Anschauungsraum unter der
Verwendung der Koordinatenschreibweise. Dabei werden die
geometrischen Kenntnisse der Mittelstufe in geeignet gewählten
kartesischen (rechtwinkligen) Koordinatensystemen gefestigt,
Körper räumlich dargestellt und Lagebeziehungen im Raum
erkundet. Dazu kommen Längen- und Winkelmessungen mithilfe von Skalar- und Vektorprodukt, die auch zur Berechnung
von Flächen- und Rauminhalten verwendet werden.

8.1   Dreidimensionales kartesisches Koordinatensystem

Das in der Zeichenebene verwendete Koordinatensystem hat
zwei zueinander senkrechte Zahlengeraden, die sich im Ursprung O schneiden. Die in der Mittelstufe übliche Bezeichnung
mit x- und y-Achse wird in der Oberstufe durch die x_1- bzw.
x_2-Achse ersetzt.
Zur Kennzeichnung von Punkten im Raum benötigt man **drei**
Koordinaten, z. B. $A(a_1 | a_2 | a_3)$. Im Allgemeinen wählt man
folgendes Koordinatensystem:

Dreidimensionales kartesisches Koordinatensystem
Die Zahlengeraden, die paarweise aufeinander senkrecht
stehen mit dem gemeinsamen Nullpunkt als **Ursprung O**,
bilden die drei **Koordinatenachsen**. Die Einheiten auf den
drei Achsen sind gleich lang.

Zur Darstellung eines dreidimensionalen Koordinatensystems
auf einer ebenen Fläche (Zeichenpapier, Tafel) wird in der
Regel ein Schrägbild verwendet.

Schrägbild

Das Schrägbild eines räumlichen Koordinatensystems zeichnet man im Allgemeinen auf kariertes Papier, die x_1-Achse nach vorne, die x_2-Achse nach rechts und die x_3-Achse nach oben, wobei auf der x_2- und auf der x_3-Achse zwei Kästchen

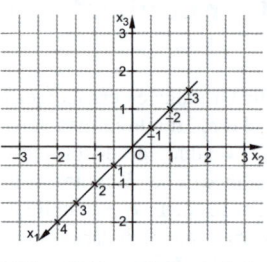

(1 cm) eine Längeneinheit (1 LE) bilden. Die x_1-Achse wird um 135° zur x_2-Achse mit einer Kästchendiagonale als Einheit (Kürzungsverhältnis $\frac{1}{2}\sqrt{2}$) gezeichnet.

Beispiel Jeder Punkt A wird durch drei Koordinaten angegeben, z. B. bedeutet in A(3|4|5): 3 Einheiten in x_1-Richtung, 4 Einheiten in x_2-Richtung und 5 Einheiten in x_3-Richtung

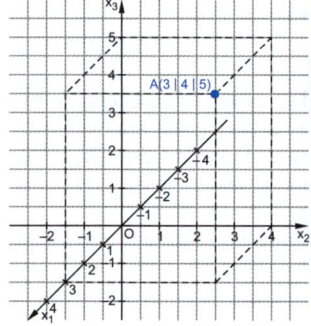

Bezeichnungen:

1. Je zwei Koordinatenachsen bilden eine **Koordinatenebene**, die $x_1 x_2$-Ebene ($x_3 = 0$), die $x_1 x_3$-Ebene ($x_2 = 0$) und die $x_2 x_3$-Ebene ($x_1 = 0$).

2. Die drei Koordinatenebenen teilen den Raum in acht **Oktanten**. Für die Vorzeichen der Koordinaten in den einzelnen Oktanten gilt:

	I	II	III	IV	V	VI	VII	VIII
x_1	+	−	−	+	+	−	−	+
x_2	+	+	−	−	+	+	−	−
x_3	+	+	+	+	−	−	−	−

3. Punkte mit besonderen Lagen sind

$O(0|0|0)$:   Ursprung
$P_1(p_1|0|0)$:   Punkt auf der x_1-Achse
$P_2(0|p_2|0)$:   Punkt auf der x_2-Achse
$P_3(0|0|p_3)$:   Punkt auf der x_3-Achse
$P_4(p_1|p_2|0)$:   Punkt in der x_1x_2-Ebene
$P_5(p_1|0|p_3)$:   Punkt in der x_1x_3-Ebene
$P_6(0|p_2|p_3)$:   Punkt in der x_2x_3-Ebene

4. Nach dem Satz des Pythagoras gilt für die Länge (den Betrag) $\overline{AB}$ der Strecke [AB] gemäß der nachfolgenden Skizze:

$$\overline{AB} = \sqrt{(b_1 - a_1)^2 + (b_2 - a_2)^2 + (b_3 - a_3)^2}$$

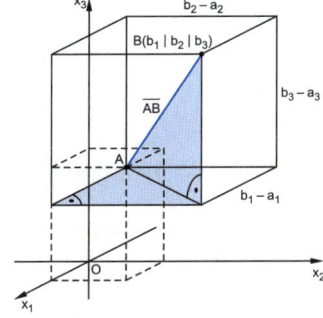

Beispiel

1. Wo liegen alle Punkte P im Koordinatensystem mit
   a) $P(2|3|p_3)$,
   b) $P(4|p_2|p_3)$?

Lösung:

a) Die Punkte liegen auf einer
   Parallelen zur x_3-Achse
   durch den Punkt $P_0(2|3|0)$.

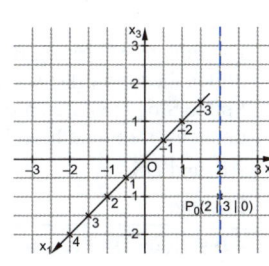

b) Die Punkte liegen in einer zur x_2x_3-Koordinatenebene parallelen Ebene mit dem Abstand 4 LE ($x_1 = 4$).

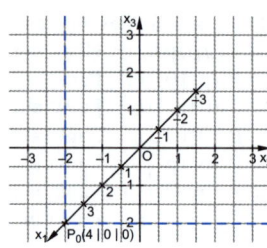

2. a) Ein Würfel ABCDEFGH hat die Eckpunkte A(0|0|0), B(0|−3|0), C(3|0|0) und E(0|0|3). Zeichnen Sie diesen Würfel in ein Koordinatensystem und geben Sie die Koordinaten der Eckpunkte D, F, G und H an.

b) Der Punkt H(3|3|3) wird
(1) an der x_1x_2-Ebene,
(2) an der x_1x_3-Ebene,
(3) an der x_2x_3-Ebene,
(4) am Ursprung gespiegelt.
Geben Sie jeweils die Koordinaten der Spiegelpunkte an.

Lösung:
a) D(3|3|0),
   F(0|−3|3),
   G(3|0|3),
   H(3|3|3)

b) H_1(3|3|−3),
   H_2(3|−3|3),
   H_3(−3|3|3),
   H_4(−3|−3|−3)

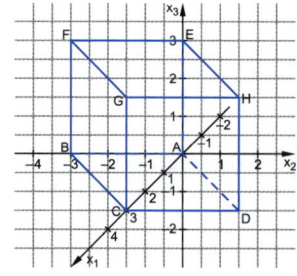

3. Die Punkte A(1|6|2), B(2|2|3), C(4|3|1) und D(3|6|0) bilden die Grundfläche einer Pyramide ABCDS mit der Spitze S(6|7|8). Zeichnen Sie die Pyramide in ein Koordinatensystem und berechnen Sie die Längen der Strecken $\overline{AB}$ und $\overline{DS}$.

Lösung:
$$\overline{AB} = \sqrt{(2-1)^2 + (2-6)^2 + (3-2)^2} = \sqrt{1+16+1} = \sqrt{18} = 3\sqrt{2}$$

$$\overline{DS} = \sqrt{(6-3)^2 + (7-6)^2 + (8-0)^2} = \sqrt{9+1+64} = \sqrt{74}$$

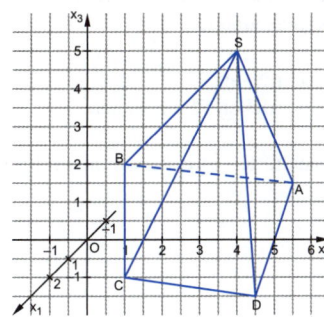

8.2 Vektoren im Anschauungsraum

Aus der **Physik** kennt man Größen, die nicht nur durch Maßzahl und Einheit, sondern auch durch ihre Richtung bestimmt sind.

Eine Kraft $\vec{F}$ greift an einem Körper an:

Ein Auto fährt mit der Geschwindigkeit $\vec{v}$:

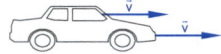

In einem Koordinatensystem werden nicht nur Punkte betrachtet, sondern auch Verbindungen untereinander. Zwischen zwei Punkten A und B unterscheidet man die Streckenlänge $\overline{AB}$ und den Pfeil $\overrightarrow{AB}$ mit dem Fußpunkt A und der Spitze B, d. h., $\overrightarrow{AB}$ besitzt eine Länge und eine Richtung. Man definiert:

Vektoren und Repräsentanten
Unter einem **Vektor** versteht man die Menge aller gleich langen, gleich gerichteten und parallelen Pfeile (= parallelgleichen Pfeile).
Ein einzelner Pfeil heißt **Repräsentant** dieses Vektors.

Da es umständlich ist, jedes Mal von einem Repräsentanten eines Vektors zu sprechen, verwendet man auch kurz die Bezeichnung Vektor für einen Repräsentanten.

Vektoren werden wie folgt geschrieben:
(1) Mit kleinen Buchstaben, über denen Pfeile stehen:
$\vec{a}, \vec{b}, \vec{c}, \vec{x}, \vec{y}, \ldots$
(2) Durch zwei Punkte der orientierten Strecke mit einem Pfeil darüber:
$\overrightarrow{AB}, \overrightarrow{PQ}, \overrightarrow{XY}, \ldots$

Beispiel

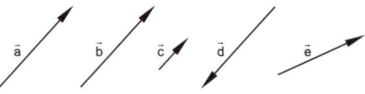

Es gilt:

$\vec{a} = \vec{b}$, weil sie gleiche Repräsentanten besitzen

$\vec{a} \neq \vec{c}$, weil $\vec{a} \parallel \vec{c}$, aber $|\vec{a}| \neq |\vec{c}|$

$\vec{d} = -\vec{a}$, weil $\vec{a} \parallel \vec{d}$, $|\vec{a}| = |\vec{d}|$, aber genau umgekehrte Richtung

> **Gegenvektor**
> Der Vektor $-\vec{a}$ heißt **Gegenvektor** zum Vektor $\vec{a}$.

Der Vektor $\vec{0}$ mit der Länge 0 heißt **Nullvektor**. Ihm kann keine Richtung zugeordnet werden.

In einem Koordinatensystem bestimmt jeder Punkt A zusammen mit dem Ursprung O einen **Ortsvektor $\vec{A} = \overrightarrow{OA}$**. Dieser wird im Raum $\mathbb{R}^2$ (zweidimensionaler reeller Raum = Koordinatenebene) bzw. im $\mathbb{R}^3$ (dreidimensionaler reeller Raum) in der **Spaltenschreibweise** angegeben:

$A(a_1 | a_2)$

$\Rightarrow \vec{A} = \overrightarrow{OA} = \begin{pmatrix} a_1 \\ a_2 \end{pmatrix}$

$A(a_1 | a_2 | a_3)$

$\Rightarrow \vec{A} = \overrightarrow{OA} = \begin{pmatrix} a_1 \\ a_2 \\ a_3 \end{pmatrix}$

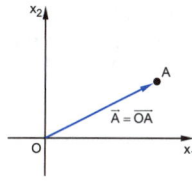 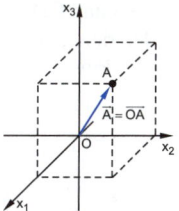

Die übereinstimmenden Zahlen a_1, a_2 (und ggf. a_3) heißen
sowohl Koordinaten des Punktes (Zeilenschreibweise!) als auch
Koordinaten des Vektors (Spaltenschreibweise!). Einen belie-
bigen Vektor $\overrightarrow{AB}$ mit dem Anfangspunkt $A(a_1 | a_2)$ bzw.
$A(a_1 | a_2 | a_3)$ erhält man wie in der folgenden Skizze zu:

$\overrightarrow{AB} = \begin{pmatrix} b_1 - a_1 \\ b_2 - a_2 \end{pmatrix}$

bzw.

$\overrightarrow{AB} = \begin{pmatrix} b_1 - a_1 \\ b_2 - a_2 \\ b_3 - a_3 \end{pmatrix}$

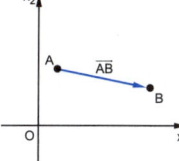 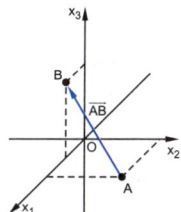

Zweidimensionale Vektoren besitzen zwei Koordinaten (für die
Rechts- und Hochrichtung); z. B. weist der zweidimensionale
Vektor

$\vec{v} = \begin{pmatrix} 1 \\ 3 \end{pmatrix}$

eine Einheit nach rechts und drei Einheiten nach oben. Entsprechend bezeichnet eine negative x- bzw. y-Koordinate die Ausdehnung nach links bzw. unten.

Dreidimensionale Vektoren besitzen dagegen eine weitere Koor-
dinate, die die Ausdehnung des Vektors nach vorne (bzw. hin-
ten) angibt; z. B. zeigt der dreidimensionale Vektor

$\vec{v} = \begin{pmatrix} 1 \\ 3 \\ 4 \end{pmatrix}$

eine Einheit nach vorne, drei Einheiten nach rechts und vier Einheiten nach oben.

Beispiel 1. $\overrightarrow{AB}$ und $\overrightarrow{CD}$ sind Repräsentanten des gleichen Vektors (stellen den gleichen Vektor dar). Bestimmen Sie die Koordinaten des Punktes D, wenn A(2|3), B(4|5) und C(1|3) gilt.

Lösung:

$$\overrightarrow{AB} = \begin{pmatrix} 4-2 \\ 5-3 \end{pmatrix} = \begin{pmatrix} 2 \\ 2 \end{pmatrix}$$

$$\overrightarrow{CD} = \begin{pmatrix} d_1-1 \\ d_2-3 \end{pmatrix} = \begin{pmatrix} 2 \\ 2 \end{pmatrix} \ \Rightarrow \ d_1 = 3; d_2 = 5 \ \Rightarrow \ D(3|5)$$

2. Bestimmen Sie die Koordinaten des Gegenvektors zum Vektor $\overrightarrow{AB}$, wenn A(2|1|3) und B(−4|6|−4) gegeben sind.

Lösung:

$$\overrightarrow{AB} = \begin{pmatrix} -4-2 \\ 6-1 \\ -4-3 \end{pmatrix} = \begin{pmatrix} -6 \\ 5 \\ -7 \end{pmatrix} \ \Rightarrow \ -\overrightarrow{AB} = \overrightarrow{BA} = \begin{pmatrix} 6 \\ -5 \\ 7 \end{pmatrix}$$

3. Im Punkt A(1|3|−2) wird der Vektor $\vec{v} = \overrightarrow{AB} = \begin{pmatrix} 3 \\ -2 \\ 1 \end{pmatrix}$ angetragen. Welcher Endpunkt B ergibt sich?

Lösung:

$$\overrightarrow{AB} = \begin{pmatrix} b_1-1 \\ b_2-3 \\ b_3+2 \end{pmatrix} = \begin{pmatrix} 3 \\ -2 \\ 1 \end{pmatrix} \ \Rightarrow \ \begin{matrix} b_1 = 4 \\ b_2 = 1 \\ b_3 = -1 \end{matrix} \ \Rightarrow \ B(4|1|-1)$$

Die Addition zweier Vektoren $\vec{a}$ und $\vec{b}$ wird geometrisch im Anschauungsraum definiert:

Summenvektor

Man setzt den Anfangspunkt des einen Vektors an die Spitze des anderen. Der **Summenvektor $\vec{a} + \vec{b}$** zeigt dann vom Anfangspunkt des ersten Pfeils zum Endpunkt des zweiten Pfeils.

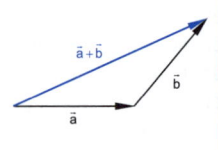

Sind die Koordinaten der Vektoren $\vec{a}$ und $\vec{b}$ bekannt, so kann man den Summenvektor wie im Bild auf der nächsten Seite dargestellt berechnen.

Im $\mathbb{R}^2$ gilt:
$$\vec{a} + \vec{b} = \begin{pmatrix} a_1 \\ a_2 \end{pmatrix} + \begin{pmatrix} b_1 \\ b_2 \end{pmatrix} = \begin{pmatrix} a_1 + b_1 \\ a_2 + b_2 \end{pmatrix}$$

Im $\mathbb{R}^3$ gilt:
$$\vec{a} + \vec{b} = \begin{pmatrix} a_1 \\ a_2 \\ a_3 \end{pmatrix} + \begin{pmatrix} b_1 \\ b_2 \\ b_3 \end{pmatrix} = \begin{pmatrix} a_1 + b_1 \\ a_2 + b_2 \\ a_3 + b_3 \end{pmatrix}$$

Vektoren werden koordinatenweise addiert!

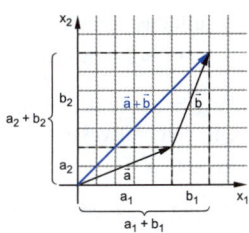

Der Summenvektor $\vec{a} + \vec{b}$ verläuft vom Fußpunkt von $\vec{a}$ bis zur Spitze von $\vec{b}$.

Beispiel

Gegeben sind die Vektoren $\vec{a} = \begin{pmatrix} 2 \\ 2 \\ -1 \end{pmatrix}$, $\vec{b} = \begin{pmatrix} 1 \\ -2 \\ 2 \end{pmatrix}$ und $\vec{c} = \begin{pmatrix} 2 \\ -1 \\ 2 \end{pmatrix}$.

Bestimmen Sie die Summenvektoren $\vec{a} + \vec{b}$, $\vec{a} + \vec{c}$, $\vec{b} + \vec{c}$ und $\vec{a} + \vec{b} + \vec{c}$.

Lösung:
$$\vec{a} + \vec{b} = \begin{pmatrix} 2+1 \\ 2-2 \\ -1+2 \end{pmatrix} = \begin{pmatrix} 3 \\ 0 \\ 1 \end{pmatrix}; \quad \vec{a} + \vec{c} = \begin{pmatrix} 2+2 \\ 2-1 \\ -1+2 \end{pmatrix} = \begin{pmatrix} 4 \\ 1 \\ 1 \end{pmatrix}$$
$$\vec{b} + \vec{c} = \begin{pmatrix} 1+2 \\ -2-1 \\ 2+2 \end{pmatrix} = \begin{pmatrix} 3 \\ -3 \\ 4 \end{pmatrix}; \quad \vec{a} + \vec{b} + \vec{c} = \begin{pmatrix} 2+1+2 \\ 2-2-1 \\ -1+2+2 \end{pmatrix} = \begin{pmatrix} 5 \\ -1 \\ 3 \end{pmatrix}$$

Sonderfall: Addiert man zu einem Vektor $\vec{a}$ seinen Gegenvektor $-\vec{a}$, so ist das Ergebnis der **Nullvektor** $\vec{0}$. Der Nullvektor $\vec{0}$ hat keine Länge und keine Richtung.

Für die Addition in der Menge V aller Vektoren des Anschauungsraums gilt:

(1) Addiert man zwei Vektoren $\vec{a}$ und $\vec{b}$ aus V, so ergibt sich wieder ein Vektor aus V:
   $\vec{a} + \vec{b} = \vec{c} \ \wedge \ \vec{c} \in V$
   V ist bezüglich der Verknüpfung „+" **abgeschlossen**.

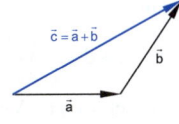

(2) In V gilt das **Assoziativgesetz:**
$$(\vec{a} + \vec{b}) + \vec{c} = \vec{a} + (\vec{b} + \vec{c}) = \vec{a} + \vec{b} + \vec{c}$$

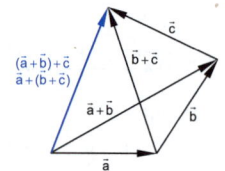

(3) In V gibt es ein **neutrales** Element, den Nullvektor. Es gilt:
$$\vec{a} + \vec{0} = \vec{a}$$

(4) In V gibt es zu jedem Vektor $\vec{a}$ das **inverse Element** $-\vec{a}$. Es gilt: $\vec{a} + (-\vec{a}) = \vec{0}$

(5) In V gilt das **Kommutativgesetz**:
$$\vec{a} + \vec{b} = \vec{b} + \vec{a}$$

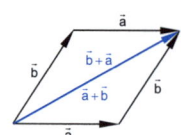

Eine **Vektorkette** ist eine Summe mehrerer Vektoren.
Die Vektorkette in der nebenstehenden Abbildung besteht aus den vier Vektoren $\vec{a}$, $\vec{b}$, $\vec{c}$, $\vec{d}$ und es gilt:
$$\vec{x} = \vec{a} + \vec{b} + \vec{c} + \vec{d}$$

Eine Vektorkette mit dem Nullvektor als Summenvektor heißt **geschlossene Vektorkette**.
In der nebenstehenden Abbildung gilt:
$$\vec{a} + \vec{b} + \vec{c} + \vec{d} + \vec{e} + \vec{f} = \vec{0}$$

Beispiel Zeigen Sie, dass die Vektoren $\vec{a} = \begin{pmatrix} 2 \\ 3 \\ -4 \end{pmatrix}$, $\vec{b} = \begin{pmatrix} -1 \\ 1 \\ 2 \end{pmatrix}$, $\vec{c} = \begin{pmatrix} 3 \\ -4 \\ 1 \end{pmatrix}$ und $\vec{d} = \begin{pmatrix} -4 \\ 0 \\ 1 \end{pmatrix}$ eine geschlossene Vektorkette bilden.

Lösung:
$$\vec{a} + \vec{b} + \vec{c} + \vec{d} = \begin{pmatrix} 2-1+3-4 \\ 3+1-4+0 \\ -4+2+1+1 \end{pmatrix} = \begin{pmatrix} 0 \\ 0 \\ 0 \end{pmatrix} = \vec{0}$$

$\Rightarrow$ geschlossene Vektorkette

Es zeigt sich, dass die **Subtraktion von zwei Vektoren** nicht als eigene Verknüpfung betrachtet werden muss. Ein Vektor wird subtrahiert, indem man den Gegenvektor addiert. Es gilt:

$$\vec{a} - \vec{b} = \vec{a} + (-\vec{b})$$

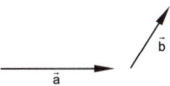

In der Koordinatenschreibweise erhält man:

Im $\mathbb{R}^2$:

$$\vec{a} - \vec{b} = \begin{pmatrix} a_1 \\ a_2 \end{pmatrix} - \begin{pmatrix} b_1 \\ b_2 \end{pmatrix} = \begin{pmatrix} a_1 - b_1 \\ a_2 - b_2 \end{pmatrix}$$

Im $\mathbb{R}^3$:

$$\vec{a} - \vec{b} = \begin{pmatrix} a_1 \\ a_2 \\ a_3 \end{pmatrix} - \begin{pmatrix} b_1 \\ b_2 \\ b_3 \end{pmatrix} = \begin{pmatrix} a_1 - b_1 \\ a_2 - b_2 \\ a_3 - b_3 \end{pmatrix}$$

Gegeben sind die Vektoren $\vec{a} = \begin{pmatrix} 2 \\ -4 \\ 3 \end{pmatrix}$ und $\vec{b} = \begin{pmatrix} 1 \\ -2 \\ -1 \end{pmatrix}$. Bestimmen **Beispiel**

Sie die Differenzvektoren $\vec{a} - \vec{b}$ bzw. $\vec{b} - \vec{a}$.

Lösung:

$$\vec{a} - \vec{b} = \begin{pmatrix} 2-1 \\ -4+2 \\ 3+1 \end{pmatrix} = \begin{pmatrix} 1 \\ -2 \\ 4 \end{pmatrix} \quad \text{und} \quad \vec{b} - \vec{a} = \begin{pmatrix} 1-2 \\ -2+4 \\ -1-3 \end{pmatrix} = \begin{pmatrix} -1 \\ 2 \\ -4 \end{pmatrix} = -(\vec{a} - \vec{b})$$

Anmerkung:

Den allgemeinen Vektor $\overrightarrow{AB}$ zwischen dem Fußpunkt A und dem Zielpunkt B erhält man als Differenz der Ortsvektoren von B und A, d. h. $\overrightarrow{AB} = \vec{B} - \vec{A}$: Ortsvektor des Endpunktes minus Ortsvektor des Anfangspunktes

Ein **Parallelflach** oder **Spat** („schiefer" Quader) werde von den Vektoren

$$\vec{a} = \overrightarrow{AB}, \vec{b} = \overrightarrow{BC}, \vec{c} = \overrightarrow{CG}$$

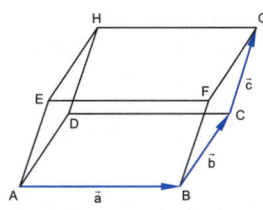

aufgespannt. Weitere Repräsentanten von $\vec{a}, \vec{b}, \vec{c}$ sind:

$$\vec{a} = \overrightarrow{DC} = \overrightarrow{EF} = \overrightarrow{HG}$$

$$\vec{b} = \overrightarrow{AD} = \overrightarrow{EH} = \overrightarrow{FG}$$

$$\vec{c} = \overrightarrow{BF} = \overrightarrow{AE} = \overrightarrow{DH}$$

Alle Vektoren des Spats lassen sich durch $\vec{a}, \vec{b}, \vec{c}$ ausdrücken, z. B. gilt:

$\overrightarrow{AC} = \vec{a} + \vec{b};$ $\qquad \overrightarrow{AG} = \vec{a} + \vec{b} + \vec{c};$ $\qquad \overrightarrow{AH} = \vec{b} + \vec{c};$

$\overrightarrow{BD} = -\vec{a} + \vec{b};$ $\qquad \overrightarrow{BE} = -\vec{a} + \vec{c};$ $\qquad \overrightarrow{BH} = -\vec{a} + \vec{b} + \vec{c};$

$\overrightarrow{CE} = -\vec{a} - \vec{b} + \vec{c};$ $\qquad \overrightarrow{FD} = -\vec{a} + \vec{b} - \vec{c}$

Beispiel Für die nebenstehende **Pyramide** gilt:

$\overrightarrow{AB} = \vec{a};$ $\quad \overrightarrow{BC} = \vec{b};$ $\quad \overrightarrow{AS} = \vec{c}$

Bestimmen Sie $\overrightarrow{AC}$, $\overrightarrow{BS}$ und $\overrightarrow{CS}$ in Abhängigkeit von $\vec{a}, \vec{b}, \vec{c}$.

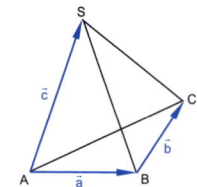

Lösung:

$\overrightarrow{AC} = \vec{a} + \vec{b};$ $\quad \overrightarrow{BS} = -\vec{a} + \vec{c};$ $\quad \overrightarrow{CS} = -\vec{b} - \vec{a} + \vec{c}$

Für die Summe $\vec{a} + \vec{a} + \vec{a} + \vec{a}$ von vier gleichen Vektoren schreibt man in Anlehnung an die Zahlenmultiplikation:

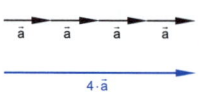

$4 \cdot \vec{a} = 4\vec{a}$

Der Vektor $4\vec{a}$ besitzt die gleiche Richtung, aber die vierfache Länge des Vektors $\vec{a}$.

Aufgrund dieser Überlegungen legt man allgemein fest:

S-Multiplikation

Für alle Vektoren $\vec{a} \in V$ und alle Zahlen $k \in \mathbb{R}$ existiert genau ein Vektor $\mathbf{k} \cdot \vec{a}$ mit folgenden Eigenschaften:

- $k \cdot \vec{a}$ hat die $|k|$-fache Länge des Vektors $\vec{a}$.
- Für $k > 0$ haben $\vec{a}$ und $k \cdot \vec{a}$ die gleiche Richtung.
  Für $k = 0$ gilt $k \cdot \vec{a} = \vec{0}$.
  Für $k < 0$ haben $\vec{a}$ und $k \cdot \vec{a}$ die entgegengesetzte Richtung.

Da bei dieser Verknüpfung „$\cdot$" Zahlen (Skalare) mit Vektoren verknüpft werden, heißt diese Rechenart auch **S-Multiplikation** (skalare Multiplikation).

Anmerkung:
Die Vektoren $\vec{a}$ und $k \cdot \vec{a}$ sind **parallel** oder **kollinear**.

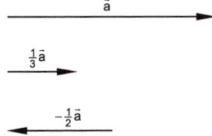

In der Koordinatenschreibweise erhält man:

$$k \cdot \vec{a} = k \cdot \begin{pmatrix} a_1 \\ a_2 \end{pmatrix} = \begin{pmatrix} k \cdot a_1 \\ k \cdot a_2 \end{pmatrix} \quad \text{bzw.} \quad k \cdot \vec{a} = k \cdot \begin{pmatrix} a_1 \\ a_2 \\ a_3 \end{pmatrix} = \begin{pmatrix} k \cdot a_1 \\ k \cdot a_2 \\ k \cdot a_3 \end{pmatrix}$$

Die Vektoren werden koordinatenweise mit der Zahl multipliziert.

$$5 \cdot \begin{pmatrix} 3 \\ -2 \\ -4 \end{pmatrix} = \begin{pmatrix} 5 \cdot 3 \\ 5 \cdot (-2) \\ 5 \cdot (-4) \end{pmatrix} = \begin{pmatrix} 15 \\ -10 \\ -20 \end{pmatrix}$$

Beispiel

$$\begin{pmatrix} 22 \\ -11 \\ 33 \end{pmatrix} = 11 \cdot \begin{pmatrix} 2 \\ -1 \\ 3 \end{pmatrix}$$

Für die S-Multiplikation gelten die folgenden Gesetze:

(1) **Gemischtes Assoziativgesetz:**
   $k_1 \cdot (k_2 \cdot \vec{a}) = (k_1 \cdot k_2) \cdot \vec{a}; \quad k_1, k_2 \in \mathbb{R}, \ \vec{a} \in V$

(2) **S-Distributivgesetz:**
   $(k_1 + k_2) \cdot \vec{a} = k_1 \cdot \vec{a} + k_2 \cdot \vec{a}; \quad k_1, k_2 \in \mathbb{R}, \ \vec{a} \in V$

(3) **V-Distributivgesetz:**
   $k \cdot (\vec{a} + \vec{b}) = k \cdot \vec{a} + k \cdot \vec{b}; \quad k \in \mathbb{R}, \ \vec{a}, \vec{b} \in V$

(4) **Unitäres Gesetz:**
   $1 \cdot \vec{a} = \vec{a}; \quad \vec{a} \in V$

Anmerkung:
Eine Menge V, deren Elemente Vektoren sind, heißt ein **reeller Vektorraum**, wenn es eine **Vektoraddition** mit den Gesetzen (1) bis (5) (siehe Seite 137 f.) und eine **S-Multiplikation** mit Zahlen aus $\mathbb{R}$ und den obigen Gesetzen (1) bis (4) gibt.

Beispiel Der $\mathbb{R}^3$ bildet einen reellen Vektorraum mit der koordinaten-
weisen Addition und S-Multiplikation. Er heißt auch **arithmetischer Vektorraum**.

Folgerungen:
(1) $k \cdot \vec{0} = \vec{0}$
(2) $0 \cdot \vec{a} = \vec{0}$
(3) $k \cdot \vec{a} = \vec{0} \Rightarrow k = 0 \vee \vec{a} = \vec{0}$
(4) $k \cdot (-\vec{a}) = (-k) \cdot \vec{a} = -(k \cdot \vec{a}) = -k \cdot \vec{a}$

Mit Vektoren kann man aufgrund der Rechengesetze für Addition und S-Multiplikation rechnen wie in der Zahlenalgebra.

Beispiel 1. $4\vec{a} - 6\vec{b} + 2\vec{x} - \frac{1}{2}(4\vec{a} - 2\vec{b}) = \vec{0}$

$$4\vec{a} - 6\vec{b} + 2\vec{x} - 2\vec{a} + \vec{b} = \vec{0}$$
$$2\vec{x} = -2\vec{a} + 5\vec{b} \quad |:2$$
$$\vec{x} = -\vec{a} + 2{,}5\vec{b}$$

2. Es gilt:
$\overrightarrow{AB} = \vec{a}$, $\overrightarrow{AD} = \vec{b}$, $\overrightarrow{AE} = \vec{c}$
$\overrightarrow{AS} = \frac{2}{3}\vec{a}$, $\overrightarrow{AT} = \frac{3}{4}\vec{b}$

Für die folgenden Vektoren gilt in
Abhängigkeit von $\vec{a}$, $\vec{b}$, $\vec{c}$:
$\overrightarrow{SG} = \frac{1}{3}\vec{a} + \vec{b} + \vec{c}$; $\overrightarrow{TF} = -\frac{3}{4}\vec{b} + \vec{a} + \vec{c}$
$\overrightarrow{ST} = -\frac{2}{3}\vec{a} + \frac{3}{4}\vec{b}$; $\overrightarrow{SH} = -\frac{2}{3}\vec{a} + \vec{b} + \vec{c}$

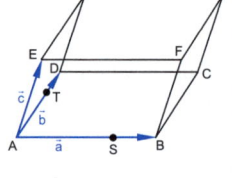

Den **Mittelpunkt M** einer Strecke [AB]
kann man vektoriell bestimmen:
$\overrightarrow{AM} = \vec{M} - \vec{A} = \frac{1}{2}\overrightarrow{AB} = \frac{1}{2}(\vec{B} - \vec{A})$
$\vec{M} - \vec{A} = \frac{1}{2}\vec{B} - \frac{1}{2}\vec{A} \quad |+\vec{A}$
$\vec{M} = \frac{1}{2}\vec{A} + \frac{1}{2}\vec{B} = \frac{1}{2}(\vec{A} + \vec{B})$

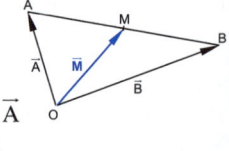

Mittelpunkt einer Strecke
Für den Mittelpunkt M einer Strecke [AB] mit den End-
punkten $A(a_1|a_2|a_3)$ und $B(b_1|b_2|b_3)$ gilt:
$$M\left(\frac{a_1+b_1}{2} \,\middle|\, \frac{a_2+b_2}{2} \,\middle|\, \frac{a_3+b_3}{2}\right) \quad \text{bzw.} \quad \vec{M} = \frac{1}{2}(\vec{A} + \vec{B})$$

$$\left.\begin{array}{l} A(3|1|-5) \\ B(1|3|3) \end{array}\right\} \Rightarrow \vec{M} = \frac{1}{2}(\vec{A}+\vec{B}) = \frac{1}{2}\begin{pmatrix} 4 \\ 4 \\ -2 \end{pmatrix} = \begin{pmatrix} 2 \\ 2 \\ -1 \end{pmatrix} \Rightarrow M(2|2|-1)$$

Beispiel

Der **Schwerpunkt S** eines Dreiecks ABC, also der Schnittpunkt
der Schwerlinien (Seitenhalbierenden), kann ähnlich bestimmt
werden.
Wenn A ein Eckpunkt des Dreiecks und
M der gegenüberliegende Seitenmittel-
punkt sind, gilt nach den Sätzen aus der
Mittelstufe:
$$\overrightarrow{AS} = \frac{2}{3} \cdot \overrightarrow{AM}$$

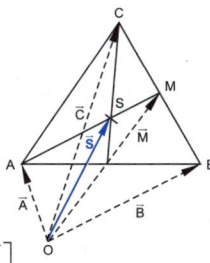

Damit erhält man:
$$\vec{S} = \overrightarrow{OS} = \overrightarrow{OA} + \overrightarrow{AS} = \vec{A} + \frac{2}{3} \cdot \overrightarrow{AM}$$
$$= \vec{A} + \frac{2}{3} \cdot (\vec{M} - \vec{A}) = \vec{A} + \frac{2}{3}\left[\frac{1}{2}(\vec{B}+\vec{C}) - \vec{A}\right]$$
$$= \vec{A} + \frac{1}{3}\vec{B} + \frac{1}{3}\vec{C} - \frac{2}{3}\vec{A} = \frac{1}{3}\vec{A} + \frac{1}{3}\vec{B} + \frac{1}{3}\vec{C}$$
$$= \frac{1}{3}(\vec{A} + \vec{B} + \vec{C})$$

Schwerpunkt eines Dreiecks
Für den Schwerpunkt S eines Dreiecks ABC mit den Eck-
punkten $A(a_1|a_2|a_3)$, $B(b_1|b_2|b_3)$ und $C(c_1|c_2|c_3)$ gilt:
$$S\left(\frac{a_1+b_1+c_1}{3} \,\middle|\, \frac{a_2+b_2+c_2}{3} \,\middle|\, \frac{a_3+b_3+c_3}{3}\right) \quad \text{bzw.} \quad \vec{S} = \frac{1}{3}(\vec{A}+\vec{B}+\vec{C})$$

Das Dreieck ABC mit $A(3|8|-5)$ und $B(6|6|1)$ hat den
Schwerpunkt $S(1|4|-2)$.
Bestimmen Sie die Koordinaten des Punktes C.

Beispiel

Lösung:

$$\vec{S} = \frac{1}{3}(\vec{A} + \vec{B} + \vec{C}) \;\Rightarrow\; \vec{C} = 3\vec{S} - \vec{A} - \vec{B} = \begin{pmatrix} 3 \\ 12 \\ -6 \end{pmatrix} - \begin{pmatrix} 3 \\ 8 \\ -5 \end{pmatrix} - \begin{pmatrix} 6 \\ 6 \\ 1 \end{pmatrix} = \begin{pmatrix} -6 \\ -2 \\ -2 \end{pmatrix}$$

$$\Rightarrow\; C(-6 \mid -2 \mid -2)$$

8.3 Linearkombination, lineare Abhängigkeit und Unabhängigkeit

Wie viele Vektoren benötigt man, um einen Raum der Dimension 1 (z. B. Zahlengerade), der Dimension 2 (z. B. Koordinatenebene) oder der Dimension 3 (z. B. Anschauungsraum) zu beschreiben? Dazu wird definiert:

Linearkombination
Ein Term der Form $k_1 \cdot \vec{a}_1 + k_2 \cdot \vec{a}_2 + \dots + k_n \cdot \vec{a}_n$, $n \in \mathbb{N}$ heißt eine **Linearkombination** der Vektoren $\vec{a}_1, \vec{a}_2, \dots, \vec{a}_n$. Die reellen Zahlen $k_1, k_2, \dots, k_n$ heißen Koeffizienten.

Beispiel $3 \cdot \vec{a} + 5 \cdot \vec{b}$ ist eine Linearkombination der Vektoren $\vec{a}$ und $\vec{b}$.

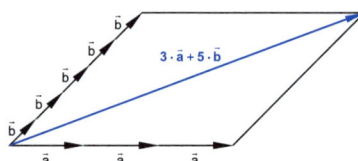

Wenn zwei Vektoren $\vec{a}$ und $\vec{b}$ parallel zueinander sind, dann gilt eine Gleichung $\vec{a} = r \cdot \vec{b}$ oder $\vec{b} = s \cdot \vec{a}$. Man nennt solche Vektoren **kollinear**.
Daraus folgt, dass $\vec{a} - r \cdot \vec{b} = \vec{0}$ gilt. Setzt man $r = -\frac{m}{k}$, so erhält man eine Gleichung $k \cdot \vec{a} + m \cdot \vec{b} = \vec{0}$, d. h. eine Linearkombination mit dem Nullvektor als Summe.
Man nennt die Vektoren $\vec{a}$ und $\vec{b}$ **linear abhängig**, wenn sie parallel sind, ansonsten **linear unabhängig**.

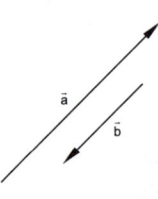

Wenn drei Vektoren $\vec{a}$, $\vec{b}$, $\vec{c}$, von denen keine zwei parallel sind, in einer Ebene liegen, dann kann man einen der Vektoren durch die anderen beiden ausdrücken, d. h., es gilt zum

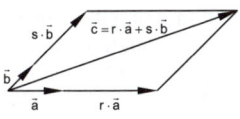

Beispiel $\vec{c} = r \cdot \vec{a} + s \cdot \vec{b}$. Solche Vektoren heißen **komplanar**. Nach Umformung erhält man wieder eine Linearkombination $k \cdot \vec{a} + \ell \cdot \vec{b} + m \cdot \vec{c} = 0$.

Man nennt die Vektoren $\vec{a}$, $\vec{b}$, $\vec{c}$ **linear abhängig**, wenn sie komplanar sind, ansonsten **linear unabhängig**.

Allgemein definiert man:

Lineare Abhängigkeit und Unabhängigkeit
- Die Vektoren $\vec{v}_1$, $\vec{v}_2$ heißen **linear abhängig**, wenn es Zahlen k_1, k_2 (nicht beide 0) mit $k_1 \cdot \vec{v}_1 + k_2 \cdot \vec{v}_2 = \vec{0}$ gibt, sodass man die Gleichung nach $\vec{v}_1$ oder $\vec{v}_2$ auflösen kann. Ist eine solche Gleichung nur mit $k_1 = k_2 = 0$ möglich, heißen die Vektoren $\vec{v}_1$ und $\vec{v}_2$ **linear unabhängig**.
- Die Vektoren $\vec{v}_1$, $\vec{v}_2$, $\vec{v}_3$ heißen **linear abhängig**, wenn es Zahlen k_1, k_2, k_3 (nicht alle gleich null) mit $k_1 \cdot \vec{v}_1 + k_2 \cdot \vec{v}_2 + k_3 \cdot \vec{v}_3 = \vec{0}$ gibt, sodass man die Gleichung nach $\vec{v}_1$, $\vec{v}_2$ oder $\vec{v}_3$ auflösen kann. Ist eine solche Gleichung nur mit $k_1 = k_2 = k_3 = 0$ möglich, heißen die Vektoren $\vec{v}_1$, $\vec{v}_2$ und $\vec{v}_3$ **linear unabhängig**.

Anmerkungen:
1. Ein Raum der Dimension 1 (z. B. Zahlengerade) wird durch **einen** Vektor $\vec{v}_1$ aufgespannt. Alle anderen Vektoren auf der Geraden sind linear abhängig von $\vec{v}_1$, lassen sich also in der Form $\vec{u} = k \cdot \vec{v}_1$ darstellen, d. h., zwei Vektoren dieses Raumes sind stets linear abhängig.
2. Ein Raum der Dimension 2 (z. B. Koordinatenebene) wird durch **zwei** nicht parallele, d. h. linear unabhängige Vektoren $\vec{v}_1$, $\vec{v}_2$ aufgespannt. Alle anderen Vektoren der Ebene sind linear abhängig von $\vec{v}_1$, $\vec{v}_2$, lassen sich also in der Form $\vec{u} = k_1 \cdot \vec{v}_1 + k_2 \cdot \vec{v}_2$ darstellen. Drei Vektoren dieses Raumes sind stets linear abhängig.

3. Ein Raum der Dimension 3 (z. B. der Anschauungsraum) wird durch **drei** linear unabhängige (weder komplanare noch parallele) Vektoren $\vec{v}_1, \vec{v}_2, \vec{v}_3$ aufgespannt. Alle anderen Vektoren des Anschauungsraumes lassen sich in der Form $\vec{u} = k_1 \cdot \vec{v}_1 + k_2 \cdot \vec{v}_2 + k_3 \cdot \vec{v}_3$ darstellen. Vier Vektoren dieses Raumes sind stets linear abhängig.

4. Eine minimale Menge von Vektoren, die einen geometrischen Raum aufspannen, bildet eine **Basis** dieses Raumes, die Anzahl dieser Vektoren gibt die **Dimension** des Raumes an.

Beispiel 1. Zeigen Sie, dass die Vektoren

$$\vec{v}_1 = \begin{pmatrix} 3 \\ 2 \end{pmatrix} \text{ und } \vec{v}_2 = \begin{pmatrix} 5 \\ -3 \end{pmatrix}$$

linear unabhängig sind. Drücken Sie dann den Vektor

$$\vec{u} = \begin{pmatrix} -7 \\ 8 \end{pmatrix}$$

durch $\vec{v}_1$ und $\vec{v}_2$ aus.

Lösung:
Es gilt

$$\begin{pmatrix} 3 \\ 2 \end{pmatrix} \neq k \cdot \begin{pmatrix} 5 \\ -3 \end{pmatrix} \text{ für alle } k \in \mathbb{R},$$

$\vec{v}_1$ und $\vec{v}_2$ sind daher nicht parallel, d. h. linear unabhängig.
Der Ansatz $\vec{u} = x_1 \cdot \vec{v}_1 + x_2 \cdot \vec{v}_2$ führt zu folgendem linearen Gleichungssystem:

$$
\begin{array}{lll}
\text{I} & 3x_1 + 5x_2 = -7 & \mid \cdot 3 \\
\text{II} & 2x_1 - 3x_2 = 8 & \mid \cdot 5 \\
\hline
\text{I + II:} & 19x_1 \quad\quad = 19 & \Rightarrow \quad x_1 = 1; \; x_2 = -2
\end{array}
$$

$$\Rightarrow \quad \vec{u} = 1 \cdot \vec{v}_1 - 2 \cdot \vec{v}_2 \quad \Rightarrow \quad \begin{pmatrix} -7 \\ 8 \end{pmatrix} = 1 \cdot \begin{pmatrix} 3 \\ 2 \end{pmatrix} - 2 \cdot \begin{pmatrix} 5 \\ -3 \end{pmatrix}$$

2. Zeigen Sie, dass die Vektoren

$$\vec{v}_1 = \begin{pmatrix} 1 \\ 2 \\ 0 \end{pmatrix}, \vec{v}_2 = \begin{pmatrix} -5 \\ 5 \\ 3 \end{pmatrix} \text{ und } \vec{v}_3 = \begin{pmatrix} 3 \\ 1 \\ -1 \end{pmatrix}$$

linear abhängig sind.

Lösung:

Es gilt z. B.: $\vec{v}_3 = x_1 \cdot \vec{v}_1 + x_2 \cdot \vec{v}_2$

I $\qquad 3 = x_1 - 5x_2$

II $\qquad 1 = 2x_1 + 5x_2$

III $\qquad -1 = 3x_2 \qquad \Rightarrow \quad x_2 = -\frac{1}{3}$

in I: $\quad x_1 = 3 - \frac{5}{3} = \frac{4}{3}$

in II: $\quad 1 = \frac{8}{3} - \frac{5}{3} \qquad$ (wahr)

$\Rightarrow \quad \vec{v}_3 = \frac{4}{3} \cdot \vec{v}_1 - \frac{1}{3} \cdot \vec{v}_2 \quad \Rightarrow \quad \vec{v}_1, \vec{v}_2, \vec{v}_3$ sind linear abhängig.

3. Die Vektoren

$\vec{v}_1 = \begin{pmatrix} -1 \\ 1 \\ 0 \end{pmatrix}, \vec{v}_2 = \begin{pmatrix} 3 \\ 2 \\ 1 \end{pmatrix}$ und $\vec{v}_3 = \begin{pmatrix} 4 \\ 0 \\ -1 \end{pmatrix}$

spannen den Raum $\mathbb{R}^3$ auf. Drücken Sie den Vektor $\vec{u} = \begin{pmatrix} 3 \\ 5 \\ 7 \end{pmatrix}$

durch $\vec{v}_1, \vec{v}_2, \vec{v}_3$ aus.

Lösung:

$\vec{u} = x_1 \cdot \vec{v}_1 + x_2 \cdot \vec{v}_2 + x_3 \cdot \vec{v}_3$

I $\quad -x_1 + 3x_2 + 4x_3 = 3$	Vorgehen:	I + II bilden als neue Gleichung II; dann Gleichung I mit (−1) multiplizieren
II $\quad x_1 + 2x_2 \qquad = 5$		
III $\qquad x_2 - x_3 = 7$		

I $\quad x_1 - 3x_2 - 4x_3 = -3$	Vorgehen:	Gleichung III mit (−5) multiplizieren und dann diese zu II addieren als neue Gleichung III
II $\qquad 5x_2 + 4x_3 = 8$		
III $\qquad x_2 - x_3 = 7$		

I $\quad x_1 - 3x_2 - 4x_3 = -3$

II $\qquad 5x_2 + 4x_3 = 8$

III $\qquad\qquad 9x_3 = -27$

Aus III: $\quad x_3 = -3$

Aus II: $\quad 5x_2 = 8 - 4 \cdot (-3) = 8 + 12 = 20 \quad \Rightarrow \quad x_2 = 4$

Aus I: $\quad x_1 = -3 + 3 \cdot 4 + 4 \cdot (-3) = -3 + 12 - 12 = -3$

$\Rightarrow \quad \vec{u} = -3 \cdot \vec{v}_1 + 4 \cdot \vec{v}_2 - 3 \cdot \vec{v}_3$

$\begin{pmatrix} 3 \\ 5 \\ 7 \end{pmatrix} = -3 \cdot \begin{pmatrix} -1 \\ 1 \\ 0 \end{pmatrix} + 4 \cdot \begin{pmatrix} 3 \\ 2 \\ 1 \end{pmatrix} - 3 \cdot \begin{pmatrix} 4 \\ 0 \\ -1 \end{pmatrix}$

8.4 Längenmessung

Der Satz des Pythagoras hilft, die Länge eines Vektors bzw. die Länge einer Strecke zu bestimmen. Man definiert:

Betrag eines Vektors
Unter dem **Betrag** $|\vec{a}|$ eines Vektors $\vec{a}$ versteht man die Länge der zum Vektor $\vec{a}$ gehörenden Pfeile.
Wenn man den Vektor $\vec{a}$ in der Koordinatenschreibweise angibt, erhält man für den
Betrag eines Vektors

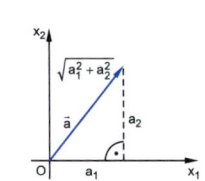

$$\vec{a} = \begin{pmatrix} a_1 \\ a_2 \end{pmatrix}$$

im $\mathbb{R}^2$:
$$|\vec{a}| = \sqrt{a_1^2 + a_2^2}$$

Für den Betrag eines Vektors

$$\vec{a} = \begin{pmatrix} a_1 \\ a_2 \\ a_3 \end{pmatrix}$$

im $\mathbb{R}^3$ ergibt sich:
$$|\vec{a}| = \sqrt{a_1^2 + a_2^2 + a_3^2}$$

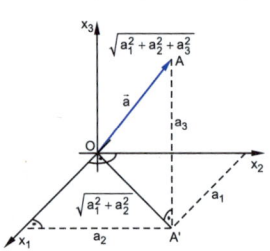

Beispiel Bestimmen Sie die Länge der folgenden Vektoren:

$$\vec{a} = \begin{pmatrix} 3 \\ 4 \end{pmatrix}, \vec{b} = \begin{pmatrix} 2 \\ -1 \\ 2 \end{pmatrix}, \vec{c} = \begin{pmatrix} -7 \\ 4 \\ -4 \end{pmatrix}, \vec{d} = \begin{pmatrix} 1 \\ 0 \\ 1 \end{pmatrix} \text{ und } \vec{e} = \begin{pmatrix} 0{,}6 \\ 0 \\ 0{,}8 \end{pmatrix}$$

Lösung:
$$|\vec{a}| = \sqrt{9 + 16} = \sqrt{25} = 5$$
$$|\vec{b}| = \sqrt{4 + 1 + 4} = \sqrt{9} = 3$$
$$|\vec{c}| = \sqrt{49 + 16 + 16} = \sqrt{81} = 9$$
$$|\vec{d}| = \sqrt{1 + 1} = \sqrt{2}$$
$$|\vec{e}| = \sqrt{0{,}36 + 0{,}64} = \sqrt{1} = 1$$

Die Länge $\overline{AB}$ einer Strecke [AB] kann man als Länge des zugehörigen Vektors $\overrightarrow{AB}$ bestimmen.

> **Länge einer Strecke**
> $$\overline{AB} = |\overrightarrow{AB}| = |\vec{B} - \vec{A}|$$

Bestimmen Sie die Länge $\overline{AB}$ der Strecke [AB] mit $A(1|-2|4)$ und $B(5|2|2)$.   **Beispiel**

Lösung:
$$\overrightarrow{AB} = \vec{B} - \vec{A} = \begin{pmatrix} 5 \\ 2 \\ 2 \end{pmatrix} - \begin{pmatrix} 1 \\ -2 \\ 4 \end{pmatrix} = \begin{pmatrix} 4 \\ 4 \\ -2 \end{pmatrix}$$
$$\Rightarrow \quad \overline{AB} = |\overrightarrow{AB}| = \sqrt{16 + 16 + 4} = \sqrt{36} = 6$$

> **Einheitsvektor**
> Ein Vektor mit dem Betrag 1 heißt **Einheitsvektor**.
> Zu jedem Vektor $\vec{a} \neq \vec{0}$ gibt es die beiden Einheitsvektoren
> $\vec{a}^0 = \frac{1}{|\vec{a}|} \cdot \vec{a}$ bzw. $\vec{a}^0 = -\frac{1}{|\vec{a}|} \cdot \vec{a}$.

Bestimmen Sie die zum Vektor   **Beispiel**
$$\vec{a} = \begin{pmatrix} 5 \\ 14 \\ 2 \end{pmatrix}$$
zugehörigen Einheitsvektoren.

Lösung:
$$|\vec{a}| = \sqrt{25 + 196 + 4} = \sqrt{225} = 15$$
$$\Rightarrow \quad \vec{a}^0 = \frac{1}{15} \begin{pmatrix} 5 \\ 14 \\ 2 \end{pmatrix} \quad \text{bzw.} \quad \vec{a}^0 = -\frac{1}{15} \begin{pmatrix} 5 \\ 14 \\ 2 \end{pmatrix}$$

8.5 Kreis- und Kugelgleichung

Aus der Mittelstufe ist bekannt, dass der Kreis (d. h. die Kreislinie) die Menge aller Punkte der Ebene ist, die von einem festen Punkt M (dem Mittelpunkt des Kreises) den gleichen Abstand (Radius) r besitzen. Die Kreisgleichung kann auch vektoriell beschrieben werden.

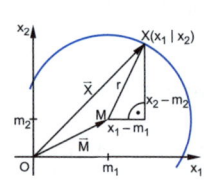

Kreisgleichung
Für einen Punkt $X(x_1 \,|\, x_2)$, der auf der Kreislinie um den Mittelpunkt $M(m_1 \,|\, m_2)$ mit dem Radius r liegt, gilt:
$$|\overrightarrow{MX}| = r \quad \text{bzw.} \quad |\overrightarrow{X} - \overrightarrow{M}| = r$$
Als Koordinatengleichung:
$$(x_1 - m_1)^2 + (x_2 - m_2)^2 = r^2 \quad \text{oder}$$
$$\left[\overrightarrow{X} - \begin{pmatrix} m_1 \\ m_2 \end{pmatrix}\right]^2 = r^2 \quad \text{bzw.} \quad \left[\begin{pmatrix} x_1 \\ x_2 \end{pmatrix} - \begin{pmatrix} m_1 \\ m_2 \end{pmatrix}\right]^2 = r^2$$

Die Kugel (d. h. die Kugelfläche) ist die Menge aller Punkte des Raumes, die von einem festen Punkt M (dem Mittelpunkt der Kugel) den gleichen Abstand (Radius) r besitzen.

Kugelgleichung
Für einen Punkt $X(x_1 \,|\, x_2 \,|\, x_3)$, der auf der Kugelfläche um den Mittelpunkt $M(m_1 \,|\, m_2 \,|\, m_3)$ mit dem Radius r liegt, gilt:
$$|\overrightarrow{MX}| = r \quad \text{bzw.} \quad |\overrightarrow{X} - \overrightarrow{M}| = r$$
Als Koordinatengleichung:
$$(x_1 - m_1)^2 + (x_2 - m_2)^2 + (x_3 - m_3)^2 = r^2 \quad \text{oder}$$
$$\left[\overrightarrow{X} - \begin{pmatrix} m_1 \\ m_2 \\ m_3 \end{pmatrix}\right]^2 = r^2 \quad \text{bzw.} \quad \left[\begin{pmatrix} x_1 \\ x_2 \\ x_3 \end{pmatrix} - \begin{pmatrix} m_1 \\ m_2 \\ m_3 \end{pmatrix}\right]^2 = r^2$$

1. Bestimmen Sie die Gleichung der Kugel K um den Punkt **Beispiel**
   M(1|4|−3) mit dem Radius 3.

   Lösung:
   Für die Kugel K gilt: $K: \left[\vec{X} - \begin{pmatrix} 1 \\ 4 \\ -3 \end{pmatrix}\right]^2 = 9$

2. Gegeben ist die Kugel

   $K: \left[\vec{X} - \begin{pmatrix} 1 \\ 2 \\ 2 \end{pmatrix}\right]^2 = 49$.

   Bestimmen Sie die Lage der Punkte $P_1(8|8|8)$, $P_2(7|4|-1)$
   und $P_3(1|0|3)$ in Bezug auf die Kugel K.

   Lösung:
   $\overline{MP_1} = |\overrightarrow{MP_1}| = \sqrt{49 + 36 + 36} = \sqrt{121} = 11 > 7 = r$
   $\Rightarrow$ P_1 liegt außerhalb der Kugel.

   $\overline{MP_2} = |\overrightarrow{MP_2}| = \sqrt{36 + 4 + 9} = \sqrt{49} = 7 = r$
   $\Rightarrow$ P_2 liegt auf K.

   $\overline{MP_3} = |\overrightarrow{MP_3}| = \sqrt{4 + 1} = \sqrt{5} < 7 = r$
   $\Rightarrow$ P_3 liegt innerhalb der Kugel.

3. Die Gleichung
   $K: x_1^2 + x_2^2 + x_3^2 + 6x_1 - 4x_2 - 8x_3 - 20 = 0$

   beschreibt eine Kugel K. Bestimmen Sie den Mittelpunkt M
   sowie den Radius r der Kugel.

   Lösung:
   Die Gleichung wird quadratisch ergänzt:
   $K: (x_1^2 + 6x_1 + 3^2) + (x_2^2 - 4x_2 + 2^2) + (x_3^2 - 8x_3 + 4^2)$
   $= 20 + 3^2 + 2^2 + 4^2$

   $K: (x_1 + 3)^2 + (x_2 - 2)^2 + (x_3 - 4)^2 = 49$

   Aus dieser Darstellung können Mittelpunkt M und Radius r
   abgelesen werden:
   $M(-3|2|4)$ und $r = 7$

8.6 Winkelmessung und Skalarprodukt

Um den Winkel φ zwischen zwei
Vektoren zu berechnen, geht man
von der nebenstehenden Figur aus.
Dort bestimmen die Vektoren

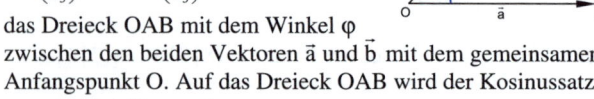

$$\vec{a} = \begin{pmatrix} a_1 \\ a_2 \\ a_3 \end{pmatrix} \text{ und } \vec{b} = \begin{pmatrix} b_1 \\ b_2 \\ b_3 \end{pmatrix}$$

das Dreieck OAB mit dem Winkel φ
zwischen den beiden Vektoren $\vec{a}$ und $\vec{b}$ mit dem gemeinsamen
Anfangspunkt O. Auf das Dreieck OAB wird der Kosinussatz
angewendet. Dann gilt:

$$|\vec{a} - \vec{b}|^2 = |\vec{a}|^2 + |\vec{b}|^2 - 2 \cdot |\vec{a}| \cdot |\vec{b}| \cdot \cos\varphi$$

Die Länge dieses Vektors beträgt auch:

$$
\begin{aligned}
|\vec{a} - \vec{b}|^2 &= (a_1 - b_1)^2 + (a_2 - b_2)^2 + (a_3 - b_3)^2 \\
&= a_1^2 - 2a_1b_1 + b_1^2 + a_2^2 - 2a_2b_2 + b_2^2 + a_3^2 - 2a_3b_3 + b_3^2 \\
&= a_1^2 + a_2^2 + a_3^2 + b_1^2 + b_2^2 + b_3^2 - 2 \cdot (a_1b_1 + a_2b_2 + a_3b_3) \\
&= |\vec{a}|^2 + |\vec{b}|^2 - 2 \cdot (a_1b_1 + a_2b_2 + a_3b_3)
\end{aligned}
$$

Die rechten Seiten müssen gleich sein. Damit folgt:

$$2 \cdot |\vec{a}| \cdot |\vec{b}| \cdot \cos\varphi = 2 \cdot (a_1b_1 + a_2b_2 + a_3b_3)$$

Weil keine Seitenlänge des Dreiecks null ist, ergibt sich:

$$\cos\varphi = \frac{a_1b_1 + a_2b_2 + a_3b_3}{|\vec{a}| \cdot |\vec{b}|}$$

Für den Zähler dieses Ausdrucks definiert man:

Skalarprodukt

Der Term $a_1b_1 + a_2b_2 + a_3b_3$ heißt Skalarprodukt der Vekto-
ren $\vec{a} = \begin{pmatrix} a_1 \\ a_2 \\ a_3 \end{pmatrix}$ und $\vec{b} = \begin{pmatrix} b_1 \\ b_2 \\ b_3 \end{pmatrix}$ und wird mit $\vec{a} \circ \vec{b}$ bezeichnet.

Wenn φ der Winkel zwischen den Vektoren $\vec{a}$ und $\vec{b}$ ist, gilt:

$$\vec{a} \circ \vec{b} = \begin{pmatrix} a_1 \\ a_2 \\ a_3 \end{pmatrix} \circ \begin{pmatrix} b_1 \\ b_2 \\ b_3 \end{pmatrix} = a_1b_1 + a_2b_2 + a_3b_3 = |\vec{a}| \cdot |\vec{b}| \cdot \cos\varphi$$

Bestimmen Sie das Skalarprodukt $\vec{a} \circ \vec{b}$ der Vektoren $\qquad$ **Beispiel**

$\vec{a} = \begin{pmatrix} 2 \\ -1 \\ 2 \end{pmatrix}$ und $\vec{b} = \begin{pmatrix} -2 \\ -1 \\ 2 \end{pmatrix}$.

Lösung:

$$\vec{a} \circ \vec{b} = \begin{pmatrix} 2 \\ -1 \\ 2 \end{pmatrix} \circ \begin{pmatrix} -2 \\ -1 \\ 2 \end{pmatrix} = -4 + 1 + 4 = 1$$

Das Skalarprodukt hat folgende Eigenschaften:
1. Für $0° < \varphi < 90°$ gilt: $\qquad \vec{a} \circ \vec{b} > 0$
   Für $90° < \varphi < 180°$ gilt: $\qquad \vec{a} \circ \vec{b} < 0$
   Für $\varphi = 0°$ gilt: $\qquad \vec{a} \circ \vec{b} = |\vec{a}| \cdot |\vec{b}|$
   Für $\varphi = 180°$ gilt: $\qquad \vec{a} \circ \vec{b} = -|\vec{a}| \cdot |\vec{b}|$
   Für $\varphi = 90°$ gilt: $\qquad \vec{a} \circ \vec{b} = 0$
2. $\vec{a} \circ \vec{b} = \vec{b} \circ \vec{a}$ $\qquad$ (Kommutativgesetz)
3. $(k \cdot \vec{a}) \circ \vec{b} = k \cdot (\vec{a} \circ \vec{b})$ $\qquad$ (gemischtes Assoziativgesetz)
4. $\vec{a} \circ (\vec{b} + \vec{c}) = \vec{a} \circ \vec{b} + \vec{a} \circ \vec{c}$ $\quad$ (Distributivgesetz)
5. $\vec{a} \circ \vec{a} = \vec{a}^2 = |\vec{a}|^2 \geq 0$
6. $\vec{a} = \vec{b} \implies \vec{a} \circ \vec{x} = \vec{b} \circ \vec{x}$

Gegeben sind die Vektoren $\qquad$ **Beispiel**

$\vec{a} = \begin{pmatrix} 2 \\ -2 \\ 1 \end{pmatrix}$, $\vec{b} = \begin{pmatrix} 4 \\ 1 \\ -1 \end{pmatrix}$ und $\vec{c} = \begin{pmatrix} 1 \\ -2 \\ 2 \end{pmatrix}$.

Bestätigen Sie damit die Aussagen
$\vec{a} \circ \vec{b} = \vec{b} \circ \vec{a}$ und $\vec{a} \circ (\vec{b} + \vec{c}) = \vec{a} \circ \vec{b} + \vec{a} \circ \vec{c}$.

Lösung:

$$\left. \begin{array}{l} \vec{a} \circ \vec{b} = \begin{pmatrix} 2 \\ -2 \\ 1 \end{pmatrix} \circ \begin{pmatrix} 4 \\ 1 \\ -1 \end{pmatrix} = 8 - 2 - 1 = 5 \\[3mm] \vec{b} \circ \vec{a} = \begin{pmatrix} 4 \\ 1 \\ -1 \end{pmatrix} \circ \begin{pmatrix} 2 \\ -2 \\ 1 \end{pmatrix} = 8 - 2 - 1 = 5 \end{array} \right\} \implies \vec{a} \circ \vec{b} = \vec{b} \circ \vec{a}$$

$$\vec{b} + \vec{c} = \begin{pmatrix} 4 \\ 1 \\ -1 \end{pmatrix} + \begin{pmatrix} 1 \\ -2 \\ 2 \end{pmatrix} = \begin{pmatrix} 5 \\ -1 \\ 1 \end{pmatrix}$$

$$\left. \begin{array}{l} \vec{a} \circ (\vec{b} + \vec{c}) = \begin{pmatrix} 2 \\ -2 \\ 1 \end{pmatrix} \circ \begin{pmatrix} 5 \\ -1 \\ 1 \end{pmatrix} = 10 + 2 + 1 = 13 \\[4mm] \vec{a} \circ \vec{b} + \vec{a} \circ \vec{c} = 5 + \begin{pmatrix} 2 \\ -2 \\ 1 \end{pmatrix} \circ \begin{pmatrix} 1 \\ -2 \\ 2 \end{pmatrix} = 5 + 2 + 4 + 2 = 13 \end{array} \right\} \Rightarrow \begin{array}{l} \vec{a} \circ (\vec{b} + \vec{c}) = \\ \vec{a} \circ \vec{b} + \vec{a} \circ \vec{c} \end{array}$$

Der Betrag eines Vektors kann auch mit dem Skalarprodukt berechnet werden:

> **Betrag eines Vektors**
> $$|\vec{a}| = \sqrt{\vec{a} \circ \vec{a}} = \sqrt{\vec{a}^2}$$
> $$|\overrightarrow{AB}| = \sqrt{(\vec{B} - \vec{A}) \circ (\vec{B} - \vec{A})} = \sqrt{(\vec{B} - \vec{A})^2}$$

Beispiel Berechnen Sie die Länge des Vektors $\overrightarrow{AB}$ mit A(2|1|−5) und B(−5|5|−1).

Lösung:
$$\overrightarrow{AB} = \vec{B} - \vec{A} = \begin{pmatrix} -7 \\ 4 \\ 4 \end{pmatrix} \Rightarrow |\overrightarrow{AB}| = \sqrt{49 + 16 + 16} = \sqrt{81} = 9$$

> **Winkel zwischen zwei Vektoren**
> Für den Winkel $\varphi = \sphericalangle(\vec{a}; \vec{b})$ zwischen zwei Vektoren $\vec{a}$ und $\vec{b}$ gilt:
> $$\cos\varphi = \frac{\vec{a} \circ \vec{b}}{|\vec{a}| \cdot |\vec{b}|} \text{ mit } 0° \leq \varphi \leq 180°$$

Beispiel 1. Bestimmen Sie jeweils den Winkel zwischen den Vektoren $\vec{a}$ und $\vec{b}$:

a) $\vec{a} = \begin{pmatrix} 2 \\ 1 \\ 2 \end{pmatrix}; \vec{b} = \begin{pmatrix} 2 \\ 2 \\ -1 \end{pmatrix}$

b) $\vec{a} = \begin{pmatrix} 2 \\ 4 \\ -2 \end{pmatrix}; \vec{b} = \begin{pmatrix} 4 \\ -1 \\ 2 \end{pmatrix}$

Lösung:

a) $\vec{a} \circ \vec{b} = 4 + 2 - 2 = 4;$

$|\vec{a}| = \sqrt{4+1+4} = 3;$ $|\vec{b}| = \sqrt{4+4+1} = 3$

$\Rightarrow \cos\varphi = \frac{4}{3\cdot3} = \frac{4}{9} \Rightarrow \varphi \approx 63,61°$

b) $\vec{a} \circ \vec{b} = 8 - 4 - 4 = 0 \Rightarrow \cos\varphi = 0 \Rightarrow \varphi = 90°$

2. Bestimmen Sie die Innenwinkel des Dreiecks ABC mit
   A(2|0|−1), B(4|−1|3) und C(−1|2|4).

   Lösung:

   $\overrightarrow{AB} = \vec{B} - \vec{A} = \begin{pmatrix} 2 \\ -1 \\ 4 \end{pmatrix} \Rightarrow |\overrightarrow{AB}| = \sqrt{4+1+16} = \sqrt{21}$

   $\overrightarrow{AC} = \vec{C} - \vec{A} = \begin{pmatrix} -3 \\ 2 \\ 5 \end{pmatrix} \Rightarrow |\overrightarrow{AC}| = \sqrt{9+4+25} = \sqrt{38}$

   $\overrightarrow{AB} \circ \overrightarrow{AC} = -6 - 2 + 20 = 12$

   $\Rightarrow \cos\alpha = \frac{12}{\sqrt{21}\cdot\sqrt{38}} \Rightarrow \alpha \approx 64,86°$

   $\overrightarrow{BA} = -\overrightarrow{AB} = \begin{pmatrix} -2 \\ 1 \\ -4 \end{pmatrix} \Rightarrow |\overrightarrow{BA}| = \sqrt{21}$ (siehe oben)

   $\overrightarrow{BC} = \vec{C} - \vec{B} = \begin{pmatrix} -5 \\ 3 \\ 1 \end{pmatrix} \Rightarrow |\overrightarrow{BC}| = \sqrt{25+9+1} = \sqrt{35}$

   $\overrightarrow{BA} \circ \overrightarrow{BC} = 10 + 3 - 4 = 9$

   $\Rightarrow \cos\beta = \frac{9}{\sqrt{21}\cdot\sqrt{35}} \Rightarrow \beta \approx 70,61°$

   Mit der Winkelsumme im Dreieck erhält man:
   $\gamma = 180° - (\alpha + \beta) \approx 180° - 135,47° = 44,53°$

Aus dem vorhergehenden Beispiel 1 b erhält man eine Charakterisierung für Orthogonalität.

Senkrechte Vektoren

Die beiden Vektoren $\vec{a}$ und $\vec{b}$ sind genau dann **senkrecht (orthogonal)**, ($\vec{a} \perp \vec{b}$), wenn ihr Skalarprodukt gleich null ist, d. h.: $\vec{a} \perp \vec{b} \Leftrightarrow \vec{a} \circ \vec{b} = 0$

Beispiel 1. Bestimmen Sie a_1 im Vektor $\vec{a} = \begin{pmatrix} a_1 \\ -2 \\ 5 \end{pmatrix}$ so, dass für $\vec{b} = \begin{pmatrix} 3 \\ 2 \\ 2 \end{pmatrix}$ gilt: $\vec{a} \perp \vec{b}$

Lösung:

$$\vec{a} \circ \vec{b} = \begin{pmatrix} a_1 \\ -2 \\ 5 \end{pmatrix} \circ \begin{pmatrix} 3 \\ 2 \\ 2 \end{pmatrix} = 3a_1 - 4 + 10 = 0 \quad \Rightarrow \quad 3a_1 = -6$$
$$\Rightarrow \quad a_1 = -2$$

2. Bestimmen Sie einen Vektor $\vec{n} = \begin{pmatrix} n_1 \\ n_2 \\ n_3 \end{pmatrix} \neq \vec{0}$, der sowohl auf dem Vektor $\vec{a} = \begin{pmatrix} 2 \\ -2 \\ 1 \end{pmatrix}$ als auch auf dem Vektor $\vec{b} = \begin{pmatrix} 1 \\ 2 \\ 2 \end{pmatrix}$ senkrecht steht.

Lösung:

$$\text{I} \quad \vec{a} \circ \vec{n} = \begin{pmatrix} 2 \\ -2 \\ 1 \end{pmatrix} \circ \begin{pmatrix} n_1 \\ n_2 \\ n_3 \end{pmatrix} = 2n_1 - 2n_2 + n_3 = 0$$

$$\text{II} \quad \vec{b} \circ \vec{n} = \begin{pmatrix} 1 \\ 2 \\ 2 \end{pmatrix} \circ \begin{pmatrix} n_1 \\ n_2 \\ n_3 \end{pmatrix} = n_1 + 2n_2 + 2n_3 = 0$$

| I | $2n_1 - 2n_2 + n_3 = 0$ |
| II | $n_1 + 2n_2 + 2n_3 = 0$ |

$$\text{I} + \text{II}: \quad 3n_1 + 3n_3 = 0 \quad \Rightarrow \quad n_1 = -n_3$$

Bei zwei Gleichungen mit drei Variablen ist eine frei wählbar ($\neq 0$, da man sonst $n_1 = n_2 = n_3 = 0$ erhält):

$n_1 = 2 \quad \Rightarrow \quad n_3 = -2$

Einsetzen in I: $4 - 2n_2 - 2 = 0 \quad \Rightarrow \quad n_2 = 1$

$$\Rightarrow \quad \vec{n} = \begin{pmatrix} 2 \\ 1 \\ -2 \end{pmatrix}$$

Probe: $\vec{a} \circ \vec{n} = \begin{pmatrix} 2 \\ -2 \\ 1 \end{pmatrix} \circ \begin{pmatrix} 2 \\ 1 \\ -2 \end{pmatrix} = 4 - 2 - 2 = 0 \quad \Rightarrow \quad \vec{a} \perp \vec{n}$

$\vec{b} \circ \vec{n} = \begin{pmatrix} 1 \\ 2 \\ 2 \end{pmatrix} \circ \begin{pmatrix} 2 \\ 1 \\ -2 \end{pmatrix} = 2 + 2 - 4 = 0 \quad \Rightarrow \quad \vec{b} \perp \vec{n}$

Anmerkung:

Jeder Vektor $k \cdot \vec{n}$ ($k \in \mathbb{R}$) steht auf $\vec{a}$ und auf $\vec{b}$ senkrecht.

8.7 Vektorprodukt

Bei vielen Anwendungen in der Geometrie, in der technischen Mechanik, in der Physik etc. benötigt man die Lotrichtung zu einem bzw. zwei Vektoren. Mithilfe des Skalarprodukts ergibt sich eine eindeutige Lotrichtung zu zwei Vektoren (siehe Beispiel auf der vorhergehenden Seite). Im Einzelnen gilt:

Im $\mathbb{R}^2$:

Gesucht ist ein **Lotvektor** bzw. **Normalenvektor** („normal" veraltet für „senkrecht") $\vec{n} = \begin{pmatrix} n_1 \\ n_2 \end{pmatrix}$ zu einem Vektor $\vec{a} = \begin{pmatrix} a_1 \\ a_2 \end{pmatrix}$. Wegen $\vec{a} \circ \vec{n} = 0$ gilt:

$\vec{n} = \begin{pmatrix} -a_2 \\ a_1 \end{pmatrix}$ oder $\vec{n} = \begin{pmatrix} a_2 \\ -a_1 \end{pmatrix}$ bzw. $\vec{n} = k \cdot \begin{pmatrix} -a_2 \\ a_1 \end{pmatrix}$ oder $\vec{n} = k \cdot \begin{pmatrix} a_2 \\ -a_1 \end{pmatrix}$.

Die Lotvektoren zum Vektor $\vec{a} = \begin{pmatrix} 1 \\ 2 \end{pmatrix}$ sind z. B. $\vec{n} = \begin{pmatrix} -2 \\ 1 \end{pmatrix}$ bzw. **Beispiel**

$\vec{n} = \begin{pmatrix} 2 \\ -1 \end{pmatrix}$ bzw. $\vec{n} = \begin{pmatrix} 8 \\ -4 \end{pmatrix}$ usw.

Im $\mathbb{R}^3$:

Zu jedem Vektor $\vec{a}$ gibt es unendlich viele Lotrichtungen, dagegen ist die Lotrichtung zu zwei Vektoren eindeutig bestimmt, sofern sie nicht kollinear sind. Es muss gelten:

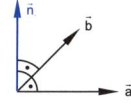

$\vec{a} \circ \vec{n} = 0 \ \wedge \ \vec{b} \circ \vec{n} = 0$

Daraus folgen die beiden Gleichungen:

I $\quad a_1 n_1 + a_2 n_2 + a_3 n_3 = 0$

II $\quad b_1 n_1 + b_2 n_2 + b_3 n_3 = 0$

Wenn die Vektoren $\vec{a}$ und $\vec{b}$ nicht parallel sind, gibt es eine eindeutige Lotrichtung. Eine mögliche Lösung wird durch den

Vektor $\vec{n} = \begin{pmatrix} a_2 b_3 - a_3 b_2 \\ a_3 b_1 - a_1 b_3 \\ a_1 b_2 - a_2 b_1 \end{pmatrix}$ gegeben, was man durch Einsetzen

schnell nachprüfen kann:

I $\quad a_1 a_2 b_3 - a_1 a_3 b_2 + a_2 a_3 b_1 - a_1 a_2 b_3 + a_1 a_3 b_2 - a_2 a_3 b_1 = 0$ w.

II $\quad a_2 b_1 b_3 - a_3 b_1 b_2 + a_3 b_1 b_2 - a_1 b_2 b_3 + a_1 b_2 b_3 - a_2 b_1 b_3 = 0$ w.

Für diesen Lösungsvektor legt man fest:

Vektorprodukt

Für die Vektoren $\vec{a} = \begin{pmatrix} a_1 \\ a_2 \\ a_3 \end{pmatrix}$ und $\vec{b} = \begin{pmatrix} b_1 \\ b_2 \\ b_3 \end{pmatrix}$ heißt der Vektor

$\begin{pmatrix} a_2b_3 - a_3b_2 \\ a_3b_1 - a_1b_3 \\ a_1b_2 - a_2b_1 \end{pmatrix}$ das **Vektorprodukt $\vec{a} \times \vec{b}$** der beiden Vektoren.

Das Ergebnis des Vektorprodukts der Vektoren $\vec{a}$ und $\vec{b}$ ist ein Vektor $\vec{a} \times \vec{b}$, der sowohl auf dem Vektor $\vec{a}$ als auch auf dem Vektor $\vec{b}$ senkrecht steht. $\vec{a}, \vec{b}, \vec{a} \times \vec{b}$ bilden in dieser Reihenfolge ein **Rechtssystem** (siehe Skizze).

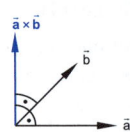

Zur Berechnung des Vektorprodukts $\vec{a} \times \vec{b}$ dient folgende Merkregel:

$$\begin{pmatrix} a_1 \\ a_2 \\ a_3 \end{pmatrix} \times \begin{pmatrix} b_1 \\ b_2 \\ b_3 \end{pmatrix} = \begin{pmatrix} a_2b_3 - a_3b_2 \\ a_3b_1 - a_1b_3 \\ a_1b_2 - a_2b_1 \end{pmatrix}$$

Beispiel

$$\begin{pmatrix} 1 \\ 2 \\ 2 \end{pmatrix} \times \begin{pmatrix} 2 \\ 1 \\ 2 \end{pmatrix} = \begin{pmatrix} 2 \cdot 2 - 2 \cdot 1 \\ 2 \cdot 2 - 1 \cdot 2 \\ 1 \cdot 1 - 2 \cdot 2 \end{pmatrix} = \begin{pmatrix} 4 - 2 \\ 4 - 2 \\ 1 - 4 \end{pmatrix} = \begin{pmatrix} 2 \\ 2 \\ -3 \end{pmatrix}$$

Kontrolle, dass das Vektorprodukt auf den beiden Vektoren senkrecht steht:

$$\begin{pmatrix} 1 \\ 2 \\ 2 \end{pmatrix} \circ \begin{pmatrix} 2 \\ 2 \\ -3 \end{pmatrix} = 2 + 4 - 6 = 0 \qquad \text{w.}$$

$$\begin{pmatrix} 2 \\ 1 \\ 2 \end{pmatrix} \circ \begin{pmatrix} 2 \\ 2 \\ -3 \end{pmatrix} = 4 + 2 - 6 = 0 \qquad \text{w.}$$

Für den Betrag des Vektorprodukts $\vec{a} \times \vec{b}$
gilt $|\vec{a} \times \vec{b}| = |\vec{a}| \cdot |\vec{b}| \cdot \sin \varphi$, d. h., $|\vec{a} \times \vec{b}|$
stimmt mit dem **Flächeninhalt** des von
den Vektoren $\vec{a}$ und $\vec{b}$ aufgespannten
Parallelogramms überein.

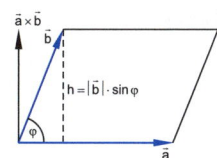

Beachte die Unterschiede zwischen
$|\vec{a} \times \vec{b}| = |\vec{a}| \cdot |\vec{b}| \cdot \sin \varphi$ und $\vec{a} \circ \vec{b} = |\vec{a}| \cdot |\vec{b}| \cdot \cos \varphi$.

Bestimmen Sie den Flächeninhalt des durch die Vektoren | **Beispiel**

$\vec{a} = \begin{pmatrix} 2 \\ -1 \\ 2 \end{pmatrix}$ und $\vec{b} = \begin{pmatrix} 1 \\ 2 \\ 2 \end{pmatrix}$ aufgespannten Parallelogramms auf zwei

verschiedene Arten.

Lösung:

Mit dem **Vektorprodukt**:

$$\vec{a} \times \vec{b} = \begin{pmatrix} 2 \\ -1 \\ 2 \end{pmatrix} \times \begin{pmatrix} 1 \\ 2 \\ 2 \end{pmatrix} = \begin{pmatrix} -2-4 \\ 2-4 \\ 4+1 \end{pmatrix} = \begin{pmatrix} -6 \\ -2 \\ 5 \end{pmatrix}$$

$A_P = |\vec{a} \times \vec{b}| = \sqrt{36 + 4 + 25} = \sqrt{65}$

Mit der **elementargeometrischen Formel** $A_P = |\vec{a}| \cdot |\vec{b}| \cdot \sin \varphi$:

$|\vec{a}| = \sqrt{4+1+4} = 3$, $|\vec{b}| = \sqrt{1+4+4} = 3$

$\cos \varphi = \dfrac{\vec{a} \circ \vec{b}}{|\vec{a}| \cdot |\vec{b}|} = \dfrac{2-2+4}{3 \cdot 3} = \dfrac{4}{9}$

$\Rightarrow (\sin \varphi)^2 = 1 - (\cos \varphi)^2 = 1 - \dfrac{16}{81} = \dfrac{65}{81}$

$\Rightarrow \sin \varphi = \dfrac{1}{9} \sqrt{65}$, weil $0 \le \varphi \le 90°$

$\Rightarrow A_P = |\vec{a}| \cdot |\vec{b}| \cdot \sin \varphi = 3 \cdot 3 \cdot \dfrac{1}{9} \sqrt{65} = \sqrt{65}$

Das Vektorprodukt hat die folgenden Eigenschaften:

$\vec{a} \times \vec{b} = -(\vec{b} \times \vec{a})$

$\vec{a} \times \vec{b} = \vec{0} \iff \vec{a}, \vec{b}$ **linear abhängig**, d. h. parallel.

Zeigen Sie mithilfe des Vektorprodukts, dass die Vektoren | **Beispiel**

$\vec{a} = \begin{pmatrix} 3 \\ 4 \\ -2 \end{pmatrix}$ und $\vec{b} = \begin{pmatrix} -6 \\ -8 \\ 4 \end{pmatrix}$ linear abhängig sind.

Lösung:

$$\vec{a} \times \vec{b} = \begin{pmatrix} 3 \\ 4 \\ -2 \end{pmatrix} \times \begin{pmatrix} -6 \\ -8 \\ 4 \end{pmatrix} = \begin{pmatrix} 16-16 \\ 12-12 \\ -24+24 \end{pmatrix} = \begin{pmatrix} 0 \\ 0 \\ 0 \end{pmatrix} = \vec{0}$$

$\Rightarrow$ $\vec{a}, \vec{b}$ linear abhängig ($\vec{a}, \vec{b}$ parallel)

8.8 Berechnung von Flächeninhalten

Der Betrag des Vektorprodukts $\vec{a} \times \vec{b}$ stimmt mit dem Flächeninhalt des von $\vec{a}$ und $\vec{b}$ aufgespannten Parallelogramms überein.

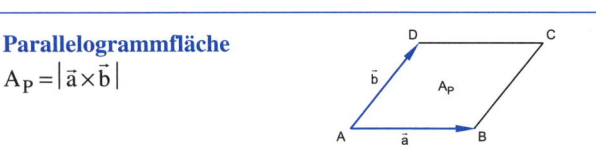

Parallelogrammfläche
$A_P = |\vec{a} \times \vec{b}|$

Beispiel $A(3\,|\,1\,|\,4)$, $B(5\,|\,5\,|\,0)$, $D(1\,|\,-1\,|\,3)$

$$\vec{a} = \overrightarrow{AB} = \begin{pmatrix} 2 \\ 4 \\ -4 \end{pmatrix}; \quad \vec{b} = \overrightarrow{AD} = \begin{pmatrix} -2 \\ -2 \\ -1 \end{pmatrix}$$

$$\Rightarrow A_P = |\vec{a} \times \vec{b}| = \left| \begin{pmatrix} 2 \\ 4 \\ -4 \end{pmatrix} \times \begin{pmatrix} -2 \\ -2 \\ -1 \end{pmatrix} \right| = \left| \begin{pmatrix} -4-8 \\ 8+2 \\ -4+8 \end{pmatrix} \right| = \left| \begin{pmatrix} -12 \\ 10 \\ 4 \end{pmatrix} \right|$$

$$= \sqrt{144+100+16} = \sqrt{260} \approx 16{,}12 \text{ FE}$$

Die Dreiecksfläche wird als halbe Parallelogrammfläche, die Vielecksfläche als Summe von Dreiecksflächen bestimmt.

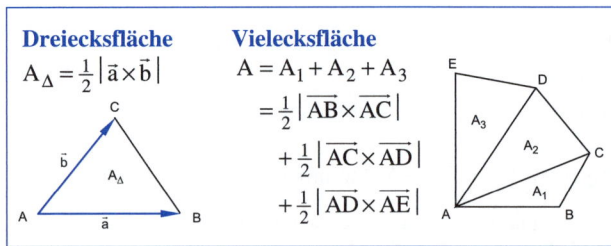

Dreiecksfläche
$A_\Delta = \frac{1}{2} |\vec{a} \times \vec{b}|$

Vielecksfläche
$$A = A_1 + A_2 + A_3$$
$$= \frac{1}{2} |\overrightarrow{AB} \times \overrightarrow{AC}|$$
$$+ \frac{1}{2} |\overrightarrow{AC} \times \overrightarrow{AD}|$$
$$+ \frac{1}{2} |\overrightarrow{AD} \times \overrightarrow{AE}|$$

8.9 Berechnung von Volumina

Mithilfe des Vektorprodukts kann man das Volumen V eines durch die Vektoren $\vec{a}$, $\vec{b}$ und $\vec{c}$ aufgespannten **Spats** berechnen. Wenn die Vektoren (wie in der nebenstehenden Skizze) ein Rechtssystem bilden, dann gilt für die Grundfläche: $G = |\vec{a} \times \vec{b}|$

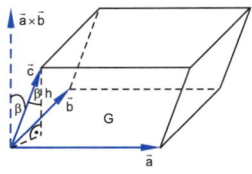

Für die Höhe h des Spats gilt:

$h = |\vec{c}| \cdot \cos\beta$ mit $0° < \beta < 90°$

Damit ergibt sich für das Volumen des Spats:

$V = G \cdot h = |\vec{a} \times \vec{b}| \cdot |\vec{c}| \cdot \cos\beta$

Dieser Ausdruck ist aber gerade die Definition des Skalarprodukts zwischen den Vektoren $\vec{a} \times \vec{b}$ und $\vec{c}$, d. h.

$|\vec{a} \times \vec{b}| \cdot |\vec{c}| \cdot \cos\beta = (\vec{a} \times \vec{b}) \circ \vec{c}$.

Damit ergibt sich das sogenannte Spatprodukt für die Maßzahl des Volumens des durch die Vektoren $\vec{a}$, $\vec{b}$, $\vec{c}$ aufgespannten Spats.

Spatprodukt (Volumen eines Spats)

$V = |(\vec{a} \times \vec{b}) \circ \vec{c}|$

Entsprechend gilt auch:

$V = |\vec{a} \circ (\vec{b} \times \vec{c})|$

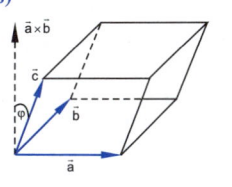

Berechnen Sie das Volumen des von den Vektoren **Beispiel**

$$\vec{a} = \begin{pmatrix} 2 \\ 1 \\ 3 \end{pmatrix}, \vec{b} = \begin{pmatrix} 6 \\ 0 \\ -2 \end{pmatrix}, \vec{c} = \begin{pmatrix} 1 \\ 1 \\ 1 \end{pmatrix}$$

aufgespannten Spats.

Lösung:

$$\vec{a} \times \vec{b} = \begin{pmatrix} 2 \\ 1 \\ 3 \end{pmatrix} \times \begin{pmatrix} 6 \\ 0 \\ -2 \end{pmatrix} = \begin{pmatrix} -2-0 \\ 18+4 \\ 0-6 \end{pmatrix} = \begin{pmatrix} -2 \\ 22 \\ -6 \end{pmatrix}$$

$$\Rightarrow \quad V = \left| (\vec{a} \times \vec{b}) \circ \vec{c} \right| = \left| \begin{pmatrix} -2 \\ 22 \\ -6 \end{pmatrix} \circ \begin{pmatrix} 1 \\ 1 \\ 1 \end{pmatrix} \right| = \left| -2 + 22 - 6 \right| = 14 \text{ VE}$$

oder

$$\vec{b} \times \vec{c} = \begin{pmatrix} 6 \\ 0 \\ -2 \end{pmatrix} \times \begin{pmatrix} 1 \\ 1 \\ 1 \end{pmatrix} = \begin{pmatrix} 0+2 \\ -2-6 \\ 6-0 \end{pmatrix} = \begin{pmatrix} 2 \\ -8 \\ 6 \end{pmatrix}$$

$$\Rightarrow \quad V = \left| \vec{a} \circ (\vec{b} \times \vec{c}) \right| = \left| \begin{pmatrix} 2 \\ 1 \\ 3 \end{pmatrix} \circ \begin{pmatrix} 2 \\ -8 \\ 6 \end{pmatrix} \right| = \left| 4 - 8 + 18 \right| = 14 \text{ VE}$$

Mit der Volumenformel $V = \frac{1}{3} G \cdot h$ für die Pyramide ergibt sich das Volumen einer Pyramide mit einem Parallelogramm als Grundfläche:

Volumen einer Pyramide mit Parallelogramm als Grundfläche

$V = \frac{1}{3} V_{\text{Spat}} = \frac{1}{3} \left| (\vec{a} \times \vec{b}) \circ \vec{c} \right|$

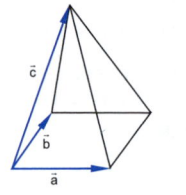

Beispiel Zeigen Sie, dass das Viereck ABCD mit A(1|3|1), B(5|5|5), C(2|5|−1) und D(−2|3|−5) ein Parallelogramm ist, und berechnen Sie dessen Fläche G. Bestimmen sie dann das Volumen der Pyramide ABCDS mit S(4|1|−4).

Lösung:

$$\overrightarrow{AB} = \vec{B} - \vec{A} = \begin{pmatrix} 4 \\ 2 \\ 4 \end{pmatrix}; \quad \overrightarrow{DC} = \vec{C} - \vec{D} = \begin{pmatrix} 4 \\ 2 \\ 4 \end{pmatrix}$$

Wegen $\overrightarrow{AB} = \overrightarrow{DC}$ folgt:

$\overrightarrow{AB} \parallel \overrightarrow{DC} \ \wedge \ |\overrightarrow{AB}| = |\overrightarrow{DC}|$

$\Rightarrow$ ABCD ist ein Parallelogramm.

$$\overrightarrow{AD} = \vec{D} - \vec{A} = \begin{pmatrix} -3 \\ 0 \\ -6 \end{pmatrix}; \quad \overrightarrow{AS} = \vec{S} - \vec{A} = \begin{pmatrix} 3 \\ -2 \\ -5 \end{pmatrix}$$

$$\overrightarrow{AB} \times \overrightarrow{AD} = \begin{pmatrix} 4 \\ 2 \\ 4 \end{pmatrix} \times \begin{pmatrix} -3 \\ 0 \\ -6 \end{pmatrix} = \begin{pmatrix} -12 - 0 \\ -12 + 24 \\ 0 + 6 \end{pmatrix} = \begin{pmatrix} -12 \\ 12 \\ 6 \end{pmatrix}$$

$$\Rightarrow \quad G = \left| \overrightarrow{AB} \times \overrightarrow{AD} \right| = \sqrt{144 + 144 + 36} = \sqrt{324} = 18 \text{ FE}$$

$$\Rightarrow \quad V = \tfrac{1}{3} \left| (\overrightarrow{AB} \times \overrightarrow{AD}) \circ \overrightarrow{AS} \right| = \tfrac{1}{3} \cdot \left| \begin{pmatrix} -12 \\ 12 \\ 6 \end{pmatrix} \circ \begin{pmatrix} 3 \\ -2 \\ -5 \end{pmatrix} \right|$$

$$= \tfrac{1}{3} \left| -36 - 24 - 30 \right| = 30 \text{ VE}$$

Die dreiseitige Pyramide hat das halbe Volumen der Pyramide mit dem Parallelogramm als Grundfläche. Man erhält:

Volumen einer Pyramide mit Dreieck als Grundfläche

$$V = \tfrac{1}{3} \cdot \tfrac{1}{2} \left| (\vec{a} \times \vec{b}) \circ \vec{c} \right| = \tfrac{1}{6} \left| (\vec{a} \times \vec{b}) \circ \vec{c} \right|$$

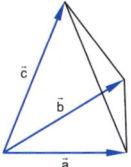

Falls die Pyramide ein n-Eck als Grundfläche besitzt, kann man die Pyramide in dreiseitige Pyramiden zerlegen.

1. Bestimmen Sie das Volumen der dreiseitigen Pyramide   **Beispiel**
ABCS mit A(0|0|0), B(1|7|3), C(6|1|10) und S(2|−3|4).

Lösung:

$$\overrightarrow{AB} = \vec{B} - \vec{A} = \begin{pmatrix} 1 \\ 7 \\ 3 \end{pmatrix}; \quad \overrightarrow{AC} = \vec{C} - \vec{A} = \begin{pmatrix} 6 \\ 1 \\ 10 \end{pmatrix}; \quad \overrightarrow{AS} = \vec{S} - \vec{A} = \begin{pmatrix} 2 \\ -3 \\ 4 \end{pmatrix}$$

$$\overrightarrow{AB} \times \overrightarrow{AC} = \begin{pmatrix} 1 \\ 7 \\ 3 \end{pmatrix} \times \begin{pmatrix} 6 \\ 1 \\ 10 \end{pmatrix} = \begin{pmatrix} 70 - 3 \\ 18 - 10 \\ 1 - 42 \end{pmatrix} = \begin{pmatrix} 67 \\ 8 \\ -41 \end{pmatrix}$$

$$V = \tfrac{1}{6} \left| (\overrightarrow{AB} \times \overrightarrow{AC}) \circ \overrightarrow{AS} \right| = \tfrac{1}{6} \cdot \left| \begin{pmatrix} 67 \\ 8 \\ -41 \end{pmatrix} \circ \begin{pmatrix} 2 \\ -3 \\ 4 \end{pmatrix} \right|$$

$$= \tfrac{1}{6} \left| 134 - 24 - 164 \right| = 9 \text{ VE}$$

2. Die Grundfläche ABCD der Pyramide ABCDS mit
   A(0 | 1 | 0), B(4 | 3 | 4), C(1 | 3 | –2), D(–6 | 1 | –12)
   und S(3 | –1 | 2) ist kein Parallelogramm.
   Bestimmen Sie das Volumen der Pyramide.

Lösung:

$$\overrightarrow{AB} = \vec{B} - \vec{A} = \begin{pmatrix} 4 \\ 2 \\ 4 \end{pmatrix}; \quad \overrightarrow{AC} = \vec{C} - \vec{A} = \begin{pmatrix} 1 \\ 2 \\ -2 \end{pmatrix}; \quad \overrightarrow{AS} = \vec{S} - \vec{A} = \begin{pmatrix} 3 \\ -2 \\ 2 \end{pmatrix}$$

$$\overrightarrow{DA} = \vec{A} - \vec{D} = \begin{pmatrix} 6 \\ 0 \\ 12 \end{pmatrix}; \quad \overrightarrow{DC} = \vec{C} - \vec{D} = \begin{pmatrix} 7 \\ 2 \\ 10 \end{pmatrix}; \quad \overrightarrow{DS} = \vec{S} - \vec{D} = \begin{pmatrix} 9 \\ -2 \\ 14 \end{pmatrix}$$

$$\overrightarrow{AB} \times \overrightarrow{AC} = \begin{pmatrix} 4 \\ 2 \\ 4 \end{pmatrix} \times \begin{pmatrix} 1 \\ 2 \\ -2 \end{pmatrix} = \begin{pmatrix} -4-8 \\ 4+8 \\ 8-2 \end{pmatrix} = \begin{pmatrix} -12 \\ 12 \\ 6 \end{pmatrix}$$

$$\overrightarrow{DA} \times \overrightarrow{DC} = \begin{pmatrix} 6 \\ 0 \\ 12 \end{pmatrix} \times \begin{pmatrix} 7 \\ 2 \\ 10 \end{pmatrix} = \begin{pmatrix} 0-24 \\ 84-60 \\ 12-0 \end{pmatrix} = \begin{pmatrix} -24 \\ 24 \\ 12 \end{pmatrix}$$

Dreiseitige Pyramide ABCS:

$$V_1 = \frac{1}{6} \left| (\overrightarrow{AB} \times \overrightarrow{AC}) \circ \overrightarrow{AS} \right|$$

$$= \frac{1}{6} \left| \begin{pmatrix} -12 \\ 12 \\ 6 \end{pmatrix} \circ \begin{pmatrix} 3 \\ -2 \\ 2 \end{pmatrix} \right|$$

$$= \frac{1}{6} |-36 - 24 + 12| = 8 \text{ VE}$$

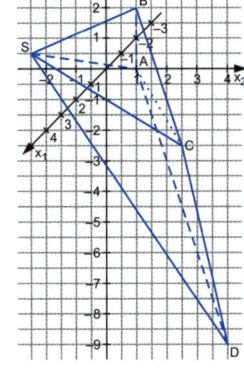

Dreiseitige Pyramide DACS:

$$V_2 = \frac{1}{6} \left| (\overrightarrow{DA} \times \overrightarrow{DC}) \circ \overrightarrow{DS} \right|$$

$$= \frac{1}{6} \left| \begin{pmatrix} -24 \\ 24 \\ 12 \end{pmatrix} \circ \begin{pmatrix} 9 \\ -2 \\ 14 \end{pmatrix} \right|$$

$$= \frac{1}{6} |-216 - 48 + 168| = 16 \text{ VE}$$

Gesamte Pyramide ABCDS:

$$V_{ges} = V_1 + V_2 = 24 \text{ VE}$$

9 Geraden und Ebenen im Raum

Die wichtigsten Elemente der Geometrie im dreidimensionalen Raum $\mathbb{R}^3$, die auf lineare Gleichungen führen, sind Geraden und Ebenen.
Im Folgenden wird beschrieben, wie man Gleichungen von Geraden und Ebenen aufstellt und deren Lagebeziehungen untersucht.

9.1 Geradengleichungen

Eine Gerade g ist durch einen **Punkt** und ihre **Richtung**, d. h. durch einen Punkt A und einen Vektor $\vec{u}$ eindeutig bestimmt. Für den Ortsvektor $\vec{X} = \overrightarrow{OX}$ eines Punktes X der Geraden g gilt dann:
$\overrightarrow{OX} = \overrightarrow{OA} + \overrightarrow{AX}$

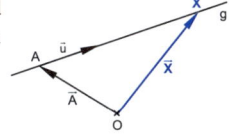

Punkt-Richtungs-Gleichung
g: $\vec{X} = \vec{A} + \lambda \cdot \vec{u}, \lambda \in \mathbb{R}$

Für jeden Wert $\lambda \in \mathbb{R}$ erhält man einen Punkt X und umgekehrt.

Anmerkungen:
- Eine Gerade ist durch einen Punkt und eine Richtung eindeutig bestimmt. Da die Geradengleichung den Parameter λ enthält, nennt man diese auch **Geradengleichung in Parameterform**.
- Es ergeben sich folgende Koordinatengleichungen:

  Im $\mathbb{R}^2$: $x_1 = a_1 + \lambda u_1$ Im $\mathbb{R}^3$: $x_1 = a_1 + \lambda u_1$
             $x_2 = a_2 + \lambda u_2$ $x_2 = a_2 + \lambda u_2$
                                               $x_3 = a_3 + \lambda u_3$

  Nur im $\mathbb{R}^2$ kann der Parameter eliminiert und so eine Koordinatengleichung (Normalenform) hergestellt werden.
- Eine Gerade h, die durch einen Punkt P parallel zur Geraden g verläuft, hat eine Gleichung der Form h: $\vec{X} = \vec{P} + \mu \cdot \vec{u}, \mu \in \mathbb{R}$.

Beispiel 1. Die Gerade g durch den Punkt A(1|2|3) hat die

Richtung $\vec{u} = \begin{pmatrix} 1 \\ -2 \\ 3 \end{pmatrix}$.

Überprüfen Sie, ob der Punkt C(3|−2|9) auf g liegt.

Lösung:

$$g: \vec{X} = \begin{pmatrix} 1 \\ 2 \\ 3 \end{pmatrix} + \lambda \cdot \begin{pmatrix} 1 \\ -2 \\ 3 \end{pmatrix}$$

Wenn der Punkt C auf der Geraden g liegt, muss sich ein
eindeutiger Wert für den Parameter λ bestimmen lassen:

$$\left. \begin{array}{lll} \text{C in g:} & 3 = 1 + \lambda & \Rightarrow \quad \lambda = 2 \\ & -2 = 2 - 2\lambda & \Rightarrow \quad \lambda = 2 \\ & 9 = 3 + 3\lambda & \Rightarrow \quad \lambda = 2 \end{array} \right\} \Rightarrow \quad C \in g$$

2. Stellen Sie für die Gerade $g \subset \mathbb{R}^2$ eine Koordinatengleichung
her:

$$g: \vec{X} = \begin{pmatrix} 1 \\ -4 \end{pmatrix} + \lambda \cdot \begin{pmatrix} 1 \\ 1 \end{pmatrix}$$

Lösung:

(1) $\quad x_1 = 1 + \lambda \qquad$ aus (1): $\quad \lambda = x_1 - 1$

(2) $\quad x_2 = -4 + \lambda \qquad$ in (2): $\quad x_2 = -4 + x_1 - 1$

$\Rightarrow$ g: $x_1 - x_2 - 5 = 0$

Schreibt man wie in der Analysis $x_1 = x$ und $x_2 = y$, so erhält
man die bekannte Form $y = mx + t$ der Geradengleichung:

$x_2 = x_1 - 5 \quad \Rightarrow \quad y = x - 5$

Eine Gerade ist auch durch **zwei
Punkte** eindeutig bestimmt.
Man benötigt einen Punkt und eine
Richtung. Es bieten sich an:
Punkt A und Richtung $\vec{u} = \overrightarrow{AB}$.

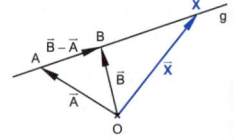

Zwei-Punkte-Gleichung
g: $\vec{X} = \vec{A} + \lambda \cdot (\vec{B} - \vec{A}), \quad \lambda \in \mathbb{R}$

Überprüfen Sie, ob die Punkte A(4|5|6), B(6|6|9) und **Beispiel**
C(2|2|3) auf einer Geraden liegen.

Lösung:

Gerade $g = AB$: $\vec{X} = \vec{A} + \lambda \cdot (\vec{B} - \vec{A}) = \begin{pmatrix} 4 \\ 5 \\ 6 \end{pmatrix} + \lambda \cdot \begin{pmatrix} 2 \\ 1 \\ 3 \end{pmatrix}$

C in g: $\left. \begin{array}{l} 2 = 4 + 2\lambda \implies \lambda = -1 \\ 2 = 5 + \lambda \implies \lambda = -3 \\ 3 = 6 + 3\lambda \implies \lambda = -1 \end{array} \right\} \implies C \notin g$

Die drei Punkte liegen nicht auf einer Geraden, d. h., sie bestimmen ein Dreieck.

Besondere Lagen von Geraden

g: $\vec{X} = \begin{pmatrix} 1 \\ 3 \\ 2 \end{pmatrix} + \lambda \cdot \begin{pmatrix} 0 \\ 0 \\ 1 \end{pmatrix}$ ist parallel zur x_3-Achse.

h: $\vec{X} = \begin{pmatrix} 4 \\ 0 \\ 0 \end{pmatrix} + \mu \cdot \begin{pmatrix} 1 \\ 0 \\ 0 \end{pmatrix}$ ist eine mögliche Gleichung für die x_1-Achse. Die x_1-Achse wird auch durch

$\quad$ h': $\vec{X} = \lambda \cdot \begin{pmatrix} 1 \\ 0 \\ 0 \end{pmatrix}$ beschrieben.

k: $\vec{X} = \begin{pmatrix} 1 \\ 3 \\ 2 \end{pmatrix} + \sigma \cdot \begin{pmatrix} 2 \\ 0 \\ 1 \end{pmatrix}$ ist parallel zur x_1x_3-Koordinatenebene, weil $x_2 = 3$ gilt.

ℓ: $\vec{X} = \begin{pmatrix} 1 \\ 0 \\ 2 \end{pmatrix} + \delta \cdot \begin{pmatrix} 2 \\ 0 \\ 1 \end{pmatrix}$ liegt in der x_1x_3-Koordinatenebene, weil $x_2 = 0$ gilt.

9.2 Ebenengleichungen in Parameterform

Alle Vektoren in einer Ebene lassen sich durch zwei linear unabhängige Vektoren ausdrücken, d. h., die Richtung der Ebene im Raum wird durch zwei solche Vektoren festgelegt, ihre Lage im Raum durch einen (Antrags-)Punkt.

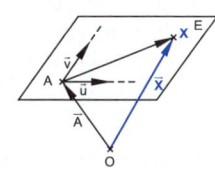

Für den Ortsvektor $\overrightarrow{X} = \overrightarrow{OX}$ eines Punktes der Ebene E gilt dann:
$\overrightarrow{X} = \overrightarrow{OX} = \overrightarrow{OA} + \overrightarrow{AX} = \overrightarrow{OA} + \lambda \cdot \vec{u} + \mu \cdot \vec{v}$

Punkt-Richtungs-Gleichung
$E: \overrightarrow{X} = \overrightarrow{A} + \lambda \cdot \vec{u} + \mu \cdot \vec{v}, \ \lambda, \mu \in \mathbb{R}$

Anmerkungen:
- Eine Ebene ist durch einen Punkt und zwei linear unabhängige Richtungen bestimmt. Da die Ebenengleichung zwei Parameter λ, μ enthält, nennt man diese auch **Ebenengleichung in Parameterform**.
- In der Koordinatenschreibweise ergibt sich für die Ebene E:
$x_1 = a_1 + \lambda u_1 + \mu v_1;$
$x_2 = a_2 + \lambda u_2 + \mu v_2;$
$x_3 = a_3 + \lambda u_3 + \mu v_3$

Beispiel Liegt der Punkt $D(0|4|0)$ in der Ebene

$E: \vec{x} = \begin{pmatrix} 1 \\ 2 \\ 3 \end{pmatrix} + \lambda \cdot \begin{pmatrix} 1 \\ 1 \\ 0 \end{pmatrix} + \mu \cdot \begin{pmatrix} 2 \\ -1 \\ 3 \end{pmatrix}$?

Lösung:
D liegt in der Ebene E, wenn λ und μ eindeutig bestimmt werden können.

D in E: (1) $0 = 1 + \lambda + 2\mu$ \quad aus (3): $\mu = -1$
\qquad\quad (2) $4 = 2 + \lambda - \mu$ \quad in (1): $\lambda = 1$
\qquad\quad (3) $0 = 3 + 3\mu$ \qquad\quad in (2): $4 = 2 + 1 + 1$ wahr $\Rightarrow D \in E$

Eine Ebene E ist auch durch drei Punkte A, B, C, die nicht auf einer Geraden liegen, eindeutig festgelegt. Man benötigt einen Punkt und zwei linear unabhängige Richtungen, z. B. Punkt A sowie $\vec{u} = \overrightarrow{AB}$ und $\vec{v} = \overrightarrow{AC}$.

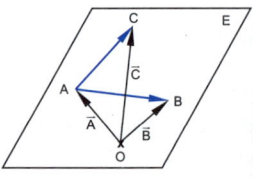

Drei-Punkte-Gleichung
$E: \overrightarrow{X} = \overrightarrow{A} + \lambda \cdot (\overrightarrow{B} - \overrightarrow{A}) + \mu \cdot (\overrightarrow{C} - \overrightarrow{A}), \ \lambda, \mu \in \mathbb{R}$

Anmerkung:
Jeder der drei Punkte ist gleichberechtigt als Antragspunkt.
Ebenso können je zwei linear unabhängige Richtungen aus
$\overrightarrow{AB}, \overrightarrow{AC}, \overrightarrow{BC}, \overrightarrow{BA}, \overrightarrow{CA}, \overrightarrow{CB}$ gewählt werden.

Bestimmen Sie eine Gleichung der Ebene E in Parameterform **Beispiel**
durch die Punkte A(4|2|3), B(6|2|−7) und C(3|3|1).

Lösung:
$$E: \vec{X} = \vec{A} + \lambda \cdot (\vec{B} - \vec{A}) + \mu \cdot (\vec{C} - \vec{A}) = \begin{pmatrix} 4 \\ 2 \\ 3 \end{pmatrix} + \lambda \cdot \begin{pmatrix} 2 \\ 0 \\ -10 \end{pmatrix} + \mu \cdot \begin{pmatrix} -1 \\ 1 \\ -2 \end{pmatrix}$$

Eine Ebene E ist ferner durch eine Gerade g und einen Punkt P, der nicht auf dieser Geraden liegt, eindeutig festgelegt.
Man benötigt einen Punkt und zwei
linear unabhängige Richtungen, z. B.
Punkt A ∈ g sowie Richtungen $\vec{u}$ und
$\vec{v} = \overrightarrow{AP}$.

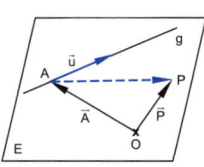

> **Ebene durch Punkt und Gerade**
> $E: \vec{X} = \vec{A} + \lambda \cdot \vec{u} + \mu \cdot (\vec{P} - \vec{A}), \ \lambda, \mu \in \mathbb{R}$

Zeigen Sie, dass die Gerade **Beispiel**
$$g: \vec{X} = \begin{pmatrix} 1 \\ 2 \\ 1 \end{pmatrix} + \lambda \cdot \begin{pmatrix} 2 \\ 0 \\ 1 \end{pmatrix}$$

und der Punkt P(3|4|−7) eine Ebene E aufspannen, und geben
Sie eine Gleichung von E in Parameterform an.

Lösung:
P in g: $3 = 1 + 2\lambda$
             $4 = 2$ falsch $\Rightarrow$ P ∉ g $\Rightarrow$ P und g spannen ein-
             $-7 = 1 + \lambda$ deutig eine Ebene auf

$$E: \vec{X} = \begin{pmatrix} 1 \\ 2 \\ 1 \end{pmatrix} + \lambda \cdot \begin{pmatrix} 2 \\ 0 \\ 1 \end{pmatrix} + \mu \cdot \begin{pmatrix} 2 \\ 2 \\ -8 \end{pmatrix}$$

Eine Ebene E ist auch durch zwei Geraden g_1 und g_2, die sich in einem Punkt S schneiden, eindeutig festgelegt.
Man benötigt einen Punkt und zwei linear unabhängige Richtungen, z. B. Punkt A und Richtungen $\vec{u}$ und $\vec{v}$.

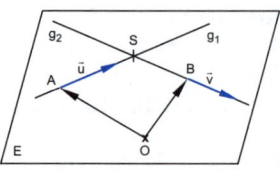

Ebene durch zwei sich schneidende Geraden
$$E: \vec{X} = \vec{A} + \lambda \cdot \vec{u} + \mu \cdot \vec{v}, \ \lambda, \mu \in \mathbb{R}$$

Beispiel Bestimmen Sie eine Gleichung der Ebene E in Parameterform, die durch die Geraden

$$g_1: \vec{X} = \begin{pmatrix} 1 \\ 2 \\ 1 \end{pmatrix} + \lambda \cdot \begin{pmatrix} 2 \\ 0 \\ 1 \end{pmatrix} \text{ und } g_2: \vec{X} = \begin{pmatrix} 1 \\ 2 \\ 1 \end{pmatrix} + \mu \cdot \begin{pmatrix} 2 \\ 1 \\ -1 \end{pmatrix}$$

aufgespannt wird.

Lösung:

$$E: \vec{X} = \begin{pmatrix} 1 \\ 2 \\ 1 \end{pmatrix} + \lambda \cdot \begin{pmatrix} 2 \\ 0 \\ 1 \end{pmatrix} + \mu \cdot \begin{pmatrix} 2 \\ 1 \\ -1 \end{pmatrix}$$

Eine Ebene E ist ebenfalls durch zwei echt parallele Geraden eindeutig bestimmt.
Man benötigt einen Punkt und zwei linear unabhängige Richtungen, z. B. Punkt A sowie Richtungen $\vec{u}$ und $\vec{v} = \overrightarrow{AB}$.

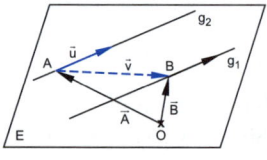

Ebene durch zwei parallele Geraden
$$E: \vec{X} = \vec{A} + \lambda \cdot \vec{u} + \mu \cdot (\vec{B} - \vec{A}), \ \lambda, \mu \in \mathbb{R}$$

Bestimmen Sie eine Gleichung der Ebene E in Parameterform, die durch die echt parallelen Geraden

Beispiel

$$g: \vec{X} = \begin{pmatrix} 2 \\ 4 \\ -3 \end{pmatrix} + \lambda \cdot \begin{pmatrix} 1 \\ 2 \\ -1 \end{pmatrix} \text{ und } h: \vec{X} = \begin{pmatrix} 3 \\ 4 \\ 4 \end{pmatrix} + \mu \cdot \begin{pmatrix} 2 \\ 4 \\ -2 \end{pmatrix}$$

aufgespannt wird.

Lösung:

$$E: \vec{X} = \begin{pmatrix} 2 \\ 4 \\ -3 \end{pmatrix} + \lambda \cdot \begin{pmatrix} 1 \\ 2 \\ -1 \end{pmatrix} + \mu \cdot \begin{pmatrix} 1 \\ 0 \\ 7 \end{pmatrix}$$

9.3 Ebenengleichungen in Normalenform

In der Ebenengleichung $E: \vec{X} = \vec{A} + \lambda \cdot \vec{u} + \mu \cdot \vec{v}$ lassen sich die beiden Parameter λ und μ eliminieren, wenn man die drei Koordinatengleichungen aufschreibt, aus zwei der drei Gleichungen die Parameter frei rechnet und diese Ausdrücke in die dritte verbleibende Gleichung einsetzt. Dann entsteht eine Gleichung zwischen den Variablen x_1, x_2, x_3. Diese Form der Ebenengleichung heißt die **Koordinatenform** oder **Normalenform**. Da das Freirechnen der beiden Parameter sehr mühsam sein kann, verwendet man im Allgemeinen einen Weg, der mithilfe von Skalar- und Vektorprodukt beschrieben werden kann.

Zu den beiden Richtungsvektoren $\vec{u}$ und $\vec{v}$ in
$E: \vec{X} = \vec{A} + \lambda \cdot \vec{u} + \mu \cdot \vec{v}$
bestimmt man einen Vektor $\vec{n}$, der sowohl auf $\vec{u}$ als auch auf $\vec{v}$ senkrecht steht. Multipliziert man die Ebenengleichung skalar mit $\vec{n}$, so erhält man:

$$\vec{n} \circ \vec{X} = \vec{n} \circ \vec{A} + \lambda \cdot \underbrace{\vec{n} \circ \vec{u}}_{0} + \mu \cdot \underbrace{\vec{n} \circ \vec{v}}_{0}$$

Normalenform von E in Vektordarstellung
$E: \vec{n} \circ \vec{X} = \vec{n} \circ \vec{A}$ bzw.
$E: \vec{n} \circ \vec{X} - \vec{n} \circ \vec{A} = 0$ bzw.
$E: \vec{n} \circ (\vec{X} - \vec{A}) = 0$

$\vec{n}$ ist ein Vektor, der auf
allen Vektoren der Ebene E
senkrecht steht, und heißt
Normalenvektor der Ebene.
Schreibt man die Vektoren in
der Koordinatenschreibweise,
so ergibt sich:

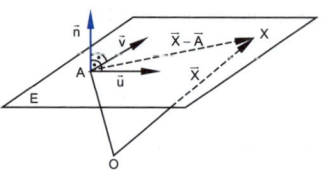

$$E: \begin{pmatrix} n_1 \\ n_2 \\ n_3 \end{pmatrix} \circ \begin{pmatrix} x_1 \\ x_2 \\ x_3 \end{pmatrix} = \begin{pmatrix} n_1 \\ n_2 \\ n_3 \end{pmatrix} \circ \begin{pmatrix} a_1 \\ a_2 \\ a_3 \end{pmatrix}$$

$$\Rightarrow \quad E: n_1 x_1 + n_2 x_2 + n_3 x_3 - (n_1 a_1 + n_2 a_2 + n_3 a_3) = 0$$

$$E: n_1 x_1 + n_2 x_2 + n_3 x_3 + n_0 = 0$$

Normalenform von E in Koordinatendarstellung
$E: n_1 x_1 + n_2 x_2 + n_3 x_3 + n_0 = 0$

Einen solchen Vektor $\vec{n}$ erhält man über das Vektorprodukt
$\vec{n} = \vec{u} \times \vec{v}$. Da die Lotrichtung (Richtung der Senkrechten) früher
als Normalenrichtung (Richtung der Normalen) bezeichnet
wurde, hat sich wegen des „Normalenvektors $\vec{n}$" in der Ebenengleichung der Name „Normalenform" der Ebenengleichung
erhalten.

Beispiel Bestimmen Sie eine Normalenform der Ebenengleichung der

Ebene $E: \vec{X} = \begin{pmatrix} 2 \\ 1 \\ 3 \end{pmatrix} + \lambda \cdot \begin{pmatrix} 1 \\ 0 \\ 1 \end{pmatrix} + \mu \cdot \begin{pmatrix} 2 \\ 2 \\ -1 \end{pmatrix}$.

Lösung:

$$\vec{n} = \begin{pmatrix} 1 \\ 0 \\ 1 \end{pmatrix} \times \begin{pmatrix} 2 \\ 2 \\ -1 \end{pmatrix} = \begin{pmatrix} 0-2 \\ 2+1 \\ 2-0 \end{pmatrix} = \begin{pmatrix} -2 \\ 3 \\ 2 \end{pmatrix}$$

$E: \vec{n} \circ \vec{X} = \vec{n} \circ \vec{A}$

$$E: \begin{pmatrix} -2 \\ 3 \\ 2 \end{pmatrix} \circ \vec{X} = \begin{pmatrix} -2 \\ 3 \\ 2 \end{pmatrix} \circ \begin{pmatrix} 2 \\ 1 \\ 3 \end{pmatrix} = -4 + 3 + 6 = 5$$

$E: -2x_1 + 3x_2 + 2x_3 - 5 = 0 \quad$ bzw. $\quad E: 2x_1 - 3x_2 - 2x_3 + 5 = 0$

Ebenen können im Koordinatensystem wieder besondere Lagen besitzen. Betrachtet wird im Einzelnen:

Besondere Lagen

Ist in der Ebenengleichung $n_1 x_1 + n_2 x_2 + n_3 x_3 + n_0 = 0$ der Koeffizient $n_1 = 0$ (bzw. $n_2 = 0$ bzw. $n_3 = 0$), so ist die Ebene parallel zur x_1- (bzw. x_2- bzw. x_3-) Achse.
Ist $n_0 = 0$, so enthält die Ebene den Ursprung.

Beispiel

E: $3x_1 - 5x_2 + 16 = 0$ ist parallel zur x_3-Achse.
E: $6x_1 - 7 = 0$ ist parallel zur x_2-Achse und zur x_3-Achse, d. h. zur $x_2 x_3$-Koordinatenebene.
E: $6x_1 + 3x_2 - 2x_3 = 0$ enthält den Ursprung $O(0|0|0)$.

Gleichungen der Koordinatenebenen

$x_1 = 0$ $x_2 x_3$-Koordinatenebene
$x_2 = 0$ $x_1 x_3$-Koordinatenebene
$x_3 = 0$ $x_1 x_2$-Koordinatenebene

9.4 Lagebeziehungen zwischen Geraden und Ebenen

Die drei gegenseitigen Lagen von Geraden in einer Ebene werden in der Mittelstufe diskutiert. Im Raum kommt eine weitere Lage hinzu, da die Geraden aneinander vorbei verlaufen können, ohne parallel zu sein. Neu sind die Betrachtungen über gegenseitige Lage von Ebene zu Ebene bzw. von Gerade zu Ebene.

Zwei Geraden

Im $\mathbb{R}^3$ gibt es für zwei Geraden vier mögliche Lagen: Die Geraden sind echt parallel, sie fallen zusammen, sie schneiden sich in einem Punkt oder sie sind windschief (sie laufen aneinander vorbei, ohne parallel zu sein).
Die beiden Geraden sollen in der folgenden Form gegeben sein:

g: $\vec{X} = \vec{A} + \lambda \cdot \vec{u}, \lambda \in \mathbb{R}$;   h: $\vec{X} = \vec{B} + \mu \cdot \vec{v}, \mu \in \mathbb{R}$

Durch die Betrachtung der Richtungsvektoren $\vec{u}$ und $\vec{v}$ ergeben sich die folgenden beiden Unterscheidungen, die jeweils zwei der vier Fälle abdecken.

$g \parallel h,$ d. h. $\vec{u} = r \cdot \vec{v}$ $\qquad\qquad$ $g \nparallel h,$ d. h. $\vec{u} \neq r \cdot \vec{v}$

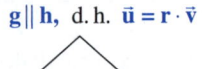 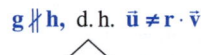

g und h sind echt parallel $\qquad$ g und h fallen zusammen $\qquad$ g und h schneiden sich in einem Punkt $\qquad$ g und h sind windschief

Innerhalb dieser beiden Gruppen fällt die Entscheidung jeweils nach dem gleichen Verfahren.

• $g \parallel h,$ d. h. $\vec{u} = r \cdot \vec{v}$

Man wählt einen Punkt $A \in g$ (bzw. $B \in h$) und prüft nach, ob er auf h (bzw. auf g) liegt.

Falls $A \in g \ \wedge \ A \in h \ \Rightarrow \ g = h,$ d. h., die beiden Geraden fallen zusammmen.

Falls $A \in g \ \wedge \ A \notin h \ \Rightarrow \ $ g und h sind echt parallel.

Beispiel Bestimmen Sie jeweils die gegenseitige Lage der beiden Geraden g und h:

1. g: $\vec{X} = \begin{pmatrix} 1 \\ 0 \\ 1 \end{pmatrix} + \lambda \cdot \begin{pmatrix} 2 \\ 2 \\ 1 \end{pmatrix}$ $\qquad$ h: $\vec{X} = \begin{pmatrix} 5 \\ 4 \\ 3 \end{pmatrix} + \mu \cdot \begin{pmatrix} -2 \\ -2 \\ -1 \end{pmatrix}$

   Lösung:

   $g \parallel h,$ weil $\begin{pmatrix} 2 \\ 2 \\ 1 \end{pmatrix} = (-1) \cdot \begin{pmatrix} -2 \\ -2 \\ -1 \end{pmatrix}$ gilt.

   $A(1|0|1)$ in h: $\quad \begin{aligned} 1 &= 5 - 2\mu \ &\Rightarrow \ \mu = 2 \\ 0 &= 4 - 2\mu \ &\Rightarrow \ \mu = 2 \ \Rightarrow \ A \in h \\ 1 &= 3 - \mu \ &\Rightarrow \ \mu = 2 \end{aligned}$

   $\Rightarrow$ g = h, d. h., die beiden Geraden fallen zusammen.

2. g: $\vec{X} = \begin{pmatrix} 3 \\ 2 \\ 2 \end{pmatrix} + \lambda \cdot \begin{pmatrix} 2 \\ 2 \\ 1 \end{pmatrix}$ $\qquad$ h: $\vec{X} = \begin{pmatrix} 4 \\ 3 \\ 1 \end{pmatrix} + \mu \cdot \begin{pmatrix} 4 \\ 4 \\ 2 \end{pmatrix}$

   Lösung:

   $g \parallel h,$ weil $\begin{pmatrix} 2 \\ 2 \\ 1 \end{pmatrix} = \frac{1}{2} \cdot \begin{pmatrix} 4 \\ 4 \\ 2 \end{pmatrix}$ gilt.

A(3 | 2 | 2) in h: $\quad 3 = 4 + 4\mu \;\Rightarrow\; \mu = -\frac{1}{4}$

$$2 = 3 + 4\mu \;\Rightarrow\; \mu = -\frac{1}{4} \;\Rightarrow\; A \notin h$$

$$2 = 1 + 2\mu \;\Rightarrow\; \mu = \frac{1}{2}$$

$\Rightarrow$ g und h sind echt parallel, d. h. g $\parallel$ h und g $\cap$ h = { }.

- **g $\nparallel$ h**, d. h. $\vec{u} \neq r \cdot \vec{v}$

  Man versucht einen Schnittpunkt auszurechnen, d. h., man setzt die Koordinatengleichungen der Geraden gleich. Aus zwei der drei Gleichungen kann man die Parameter (hier λ und μ) frei rechnen. Das Einsetzen in die dritte Gleichung entscheidet die Lage.

  Es entsteht eine **wahre Aussage**. $\Rightarrow$ **g und h schneiden sich in einem Punkt.**

  Es entsteht eine **falsche Aussage**. $\Rightarrow$ **g und h sind windschief.**

Bestimmen Sie jeweils die gegenseitige Lage der beiden Geraden g und h:

Beispiel

1. g: $\vec{X} = \begin{pmatrix} -3 \\ -4 \\ -1 \end{pmatrix} + \lambda \cdot \begin{pmatrix} 2 \\ 2 \\ 1 \end{pmatrix}$ $\qquad$ h: $\vec{X} = \begin{pmatrix} 4 \\ 3 \\ 1 \end{pmatrix} + \mu \cdot \begin{pmatrix} -1 \\ -1 \\ 1 \end{pmatrix}$

   Lösung:

   g $\nparallel$ h, weil $\begin{pmatrix} 2 \\ 2 \\ 1 \end{pmatrix} \neq k \cdot \begin{pmatrix} -1 \\ -1 \\ 1 \end{pmatrix}$ gilt.

   (1) $\qquad -3 + 2\lambda = 4 - \mu$
   (2) $\qquad -4 + 2\lambda = 3 - \mu$
   (3) $\qquad -1 + \lambda \;\; = 1 + \mu$

   $\overline{}$

   (2) + (3): $-5 + 3\lambda = 4 \qquad \Rightarrow \lambda = 3$
   in (3): $\quad -1 + 3 \;\;\; = 1 + \mu \Rightarrow \mu = 1$
   in (1): $\quad -3 + 6 \;\;\; = 4 - 1$ wahr $\Rightarrow$ g und h schneiden sich in einem Punkt S.

   $\vec{S} = \begin{pmatrix} -3 \\ -4 \\ -1 \end{pmatrix} + 3 \cdot \begin{pmatrix} 2 \\ 2 \\ 1 \end{pmatrix} = \begin{pmatrix} 3 \\ 2 \\ 2 \end{pmatrix} \;\Rightarrow\; S(3 | 2 | 2)$

2. $g: \vec{X} = \begin{pmatrix} 1 \\ 0 \\ 1 \end{pmatrix} + \lambda \cdot \begin{pmatrix} 2 \\ 2 \\ 1 \end{pmatrix}$ $\qquad$ $h: \vec{X} = \begin{pmatrix} 4 \\ 3 \\ 1 \end{pmatrix} + \mu \cdot \begin{pmatrix} 1 \\ -2 \\ 2 \end{pmatrix}$

Lösung:

$g \nparallel h$, weil $\begin{pmatrix} 2 \\ 2 \\ 1 \end{pmatrix} \neq k \cdot \begin{pmatrix} 1 \\ -2 \\ 2 \end{pmatrix}$ gilt.

(1)	$1 + 2\lambda = 4 + \mu$
(2)	$2\lambda = 3 - 2\mu$
(3)	$1 + \lambda = 1 + 2\mu$

$(2) + (3): 1 + 3\lambda = 4 \qquad \Rightarrow \lambda = 1$

in (2): $\quad 2 \quad = 3 - 2\mu \Rightarrow \mu = \frac{1}{2}$

in (1): $\quad 1 + 2 = 4 + \frac{1}{2}$ falsch

$\Rightarrow$ g und h sind windschief.

Zwei Ebenen

Die Ebenen werden für alle Rechnungen immer in Normalenform in Koordinatendarstellung gebracht.

Für die gegenseitige Lage zweier Ebenen
$E_1: n_1 x_1 + n_2 x_2 + n_3 x_3 + n_0 = 0$ und
$E_2: n_1' x_1 + n_2' x_2 + n_3' x_3 + n_0' = 0$
gibt es drei Möglichkeiten: Die Ebenen fallen zusammen, sie sind echt parallel oder sie schneiden sich in einer Geraden.

Bei der Betrachtung von Ebenen versucht man immer (etwa durch Division der gesamten Gleichung) die kleinstmöglichen (ganzen) Zahlen als Koeffizienten in der Ebenengleichung zu erhalten. Dann kann man die Ebenen besser vergleichen.

- Können die Gleichungen durch Division so umgeformt werden, dass $n_1 = n_1' \ \land \ n_2 = n_2' \ \land \ n_3 = n_3' \ \land \ n_0 = n_0'$ gilt, so **fallen die beiden Ebenen zusammen**, d. h., es gilt $E_1 = E_2$.

Beispiel

$E_1: \quad 6x_1 + 8x_2 - 2x_3 - 16 = 0 \qquad |: (-2)$
$E_2: \quad -3x_1 - 4x_2 + x_3 + 8 = 0$

$\overline{E_1: \quad -3x_1 - 4x_2 + x_3 + 8 = 0}$
$E_2: \quad -3x_1 - 4x_2 + x_3 + 8 = 0$ $\qquad \Rightarrow$ Es gilt: $E_1 = E_2$

- Können die Gleichungen durch Division so umgeformt werden, dass $n_1 = n_1' \wedge n_2 = n_2' \wedge n_3 = n_3' \wedge n_0 \neq n_0'$ gilt, so **sind die beiden Ebenen echt parallel**.

E_1: $\quad 3x_1 - 8x_2 + 4x_3 - 16 = 0$ **Beispiel**
E_2: $-6x_1 + 16x_2 - 8x_3 + 4 = 0 \qquad |:(-2)$

E_1: $\quad 3x_1 - 8x_2 + 4x_3 - 16 = 0$
E_2: $\quad 3x_1 - 8x_2 + 4x_3 - 2 = 0$

$\Rightarrow$ E_1 und E_2 sind echt parallel.

- Können die Gleichungen nicht dementsprechend umgeformt werden, dann schneiden sich die beiden Ebenen in einer Geraden s, der **Schnittgeraden s**.
  Die Bestimmung einer Gleichung der Schnittgeraden s wird am folgenden Beispiel gezeigt.

E_1: $\quad 2x_1 + x_2 - 2x_3 - 3 = 0$ **Beispiel**
E_2: $\quad x_1 - x_2 + 3x_3 = 0$

1. Möglichkeit:
Da die zwei Gleichungen drei Variable besitzen, kann eine beliebig frei gewählt werden, z. B. $x_1 = \lambda$.

(1) $\qquad 2\lambda + x_2 - 2x_3 - 3 = 0$
(2) $\qquad \lambda - x_2 + 3x_3 = 0$

$(1) + (2)$: $3\lambda + x_3 - 3 = 0 \Rightarrow x_3 = 3 - 3\lambda$
in (2): $\lambda - x_2 + 9 - 9\lambda = 0 \Rightarrow x_2 = 9 - 8\lambda$

$x_1 = 0 + \lambda \cdot 1$
$x_2 = 9 + \lambda \cdot (-8) \Rightarrow$ s: $\vec{X} = \begin{pmatrix} 0 \\ 9 \\ 3 \end{pmatrix} + \lambda \cdot \begin{pmatrix} 1 \\ -8 \\ -3 \end{pmatrix}$
$x_3 = 3 + \lambda \cdot (-3)$

2. Möglichkeit:
Wählt man jeweils eine Variable fest, so kann man zwei Punkte auf der Schnittgeraden bestimmen.

$x_1 = 0$: (1) $\qquad x_2 - 2x_3 - 3 = 0$
$\qquad\qquad$ (2) $\qquad -x_2 + 3x_3 = 0$

$(1) + (2)$: $\qquad\qquad x_3 - 3 = 0 \Rightarrow x_3 = 3$
in (2): $\quad x_2 = 9 \Rightarrow S_1(0|9|3)$

$$x_3 = 0: \quad (1) \qquad 2x_1 + x_2 - 3 = 0$$
$$\qquad\qquad (2) \qquad \quad x_1 - x_2 \qquad = 0$$
$$\overline{\qquad (1)+(2): \; 3x_1 \qquad -3 = 0 \quad \Rightarrow \quad x_1 = 1}$$
$$\qquad \text{in (2):} \qquad\qquad x_2 \qquad = 1 \quad \Rightarrow \quad S_2(1\,|\,1\,|\,0)$$

$$s = S_1 S_2: \; \overrightarrow{X} = \begin{pmatrix} 0 \\ 9 \\ 3 \end{pmatrix} + \lambda \cdot \begin{pmatrix} 1 \\ -8 \\ -3 \end{pmatrix}$$

Gerade und Ebene

Die Ebene wird wieder in die Normalenform in Koordinatendarstellung umgewandelt, d. h. E: $n_1 x_1 + n_2 x_2 + n_3 x_3 + n_0 = 0$.

Die Gerade sei in der Form g: $\overrightarrow{X} = \overrightarrow{A} + \lambda \cdot \overrightarrow{u}$ gegeben.

Es können drei verschiedene Lagen auftreten: Die Gerade g liegt in der Ebene E, sie ist echt parallel zu ihr oder sie schneidet sie in einem Punkt.

Alle drei Fälle können mit dem gleichen Verfahren bestimmt werden: Man setzt die Koordinaten der Punkte der Geraden

$$g: \begin{cases} x_1 = a_1 + \lambda u_1 \\ x_2 = a_2 + \lambda u_2 \\ x_3 = a_3 + \lambda u_3 \end{cases}$$

in die Ebene E ein.

- Errechnet sich für den Parameter (hier λ) ein Wert, dann **schneidet die Gerade g die Ebene E in einem Punkt S**.

Beispiel

Untersuchen Sie die gegenseitige Lage der Ebene E: $3x_1 - 2x_2 + 6x_3 + 14 = 0$

und der Geraden g: $\overrightarrow{X} = \begin{pmatrix} -7 \\ 4 \\ -1 \end{pmatrix} + \lambda \cdot \begin{pmatrix} 3 \\ -3 \\ 1 \end{pmatrix}$.

Lösung:

$x_1 = -7 + 3\lambda$ $3(-7 + 3\lambda) - 2(4 - 3\lambda) + 6(-1 + \lambda) + 14 = 0$

$x_2 = 4 - 3\lambda$ in E: $-21 + 9\lambda - 8 + 6\lambda - 6 + 6\lambda + 14 = 0$

$x_3 = -1 + \lambda$ $21\lambda = 21$

$\Rightarrow \quad \lambda = 1$

$\lambda = 1$ in g eingesetzt liefert: $S(-4\,|\,1\,|\,0)$

- Die Ausdrücke mit dem Parameter (hier λ) fallen weg und es bleibt eine wahre Aussage stehen: **Die Gerade g liegt in der Ebene E**, weil sich für jeden Wert des Parameters beim Einsetzen in E eine wahre Aussage ergibt, d. h., jeder Punkt der Geraden liegt in der Ebene.

Untersuchen Sie die gegenseitige Lage der **Beispiel**
Ebene E: $6x_1 + 4x_2 + 3x_3 - 12 = 0$

und der Geraden g: $\vec{X} = \begin{pmatrix} 2 \\ 3 \\ -4 \end{pmatrix} + \lambda \cdot \begin{pmatrix} 1 \\ -3 \\ 2 \end{pmatrix}$.

Lösung:

$x_1 = 2 + \lambda$ $6(2 + \lambda) + 4(3 - 3\lambda) + 3(-4 + 2\lambda) - 12 = 0$
$x_2 = 3 - 3\lambda$ in E: $12 + 6\lambda + 12 - 12\lambda - 12 + 6\lambda - 12 = 0$
$x_3 = -4 + 2\lambda$ $0 = 0$ w.

$\Rightarrow$ g $\subset$ E, d. h., g liegt in E.

- Die Ausdrücke mit dem Parameter (hier λ) fallen weg und es bleibt eine falsche Aussage stehen: **Die Gerade g ist echt parallel zur Ebene E**, weil sich für jeden Wert des Parameters beim Einsetzen eine falsche Aussage ergibt, d. h., kein Punkt der Geraden liegt in der Ebene.

Untersuchen Sie die gegenseitige Lage der **Beispiel**
Ebene E: $2x_1 + 2x_2 - x_3 - 15 = 0$

und der Geraden g: $\vec{X} = \begin{pmatrix} 1 \\ 1 \\ 1 \end{pmatrix} + \lambda \cdot \begin{pmatrix} 2 \\ -1 \\ 2 \end{pmatrix}$.

Lösung:

$x_1 = 1 + 2\lambda$ $2(1 + 2\lambda) + 2(1 - \lambda) - (1 + 2\lambda) - 15 = 0$
$x_2 = 1 - \lambda$ in E: $2 + 4\lambda + 2 - 2\lambda - 1 - 2\lambda - 15 = 0$
$x_3 = 1 + 2\lambda$ $-12 = 0$ f.

$\Rightarrow$ g ist echt parallel zu E.

9.5 Hesse'sche Normalenform und Abstände

Der Abstand $\overline{AB}$ zwischen zwei Punkten A und B wurde bereits als Länge $|\overrightarrow{AB}|$ des Vektors $\overrightarrow{AB}$ bestimmt. Wenn man den Abstand eines Punktes von einer Ebene berechnen will, muss man wie im Folgenden vorgehen.

> **Hesse'sche Normalenform der Ebenengleichung**
> Benutzt man zum Aufstellen der Normalenform der Ebenengleichung einen Normaleneinheitsvektor $\vec{n}^0$ (also einen Vektor der Länge 1, der senkrecht zur Ebene E steht), sodass in E: $\vec{n}^0 \circ \vec{x} = \vec{n}^0 \circ \vec{a}$ der Ausdruck $\vec{n}^0 \circ \vec{a} > 0$ ist, so heißt diese Normalenform **Hesse-Form E_H** der Ebenengleichung.

Anmerkung:
$\vec{n}^0 \circ \vec{a} > 0$ besagt, dass in der Ebenengleichung E_H vor dem x-freien Ausdruck stets ein Minuszeichen stehen muss.

Beispiel
1. $E: 2x_1 - x_2 - 2x_3 - 9 = 0$
   $|\vec{n}| = \sqrt{4+1+4} = 3 \implies E_H: \frac{1}{3}(2x_1 - x_2 - 2x_3 - 9) = 0$

2. $E: 7x_1 - 4x_2 + 4x_3 + 36 = 0$
   $|\vec{n}| = \sqrt{49+16+16} = 9 \implies E_H: \frac{-7x_1 + 4x_2 - 4x_3 - 36}{9} = 0$

Mithilfe der Hesse'schen Normalenform kann man jetzt den Abstand d_{PE} eines Punktes P von der Ebene E bestimmen, wobei der Punkt P auf beiden Seiten der Ebene liegen kann (siehe Skizze mit den Punkten P_1 und P_2).

Wenn $\vec{n}^0$ ein Normaleneinheitsvektor der Ebene E und d der Abstand des Punktes P (mit Fußpunkt Q) ist, dann gilt:

$\overrightarrow{QP} = \pm d \cdot \vec{n}^0 = \vec{P} - \vec{Q}$

$\implies \vec{Q} = \vec{P} \mp d \cdot \vec{n}_0$

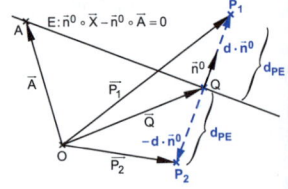

Da der Punkt Q in der Ebene E liegt, erfüllen seine Koordinaten die Ebenengleichung, d. h., es gilt:

$$\vec{n}^0 \circ \vec{Q} - \vec{n}^0 \circ \vec{A} = 0$$

$$\vec{n}^0 \circ (\vec{P} \mp d \cdot \vec{n}^0) - \vec{n}^0 \circ \vec{A} = 0$$

$$\vec{n}^0 \circ \vec{P} \mp d \cdot \underbrace{\vec{n}^0 \circ \vec{n}^0}_{1} - \vec{n}^0 \circ \vec{A} = 0$$

$$\Rightarrow \quad d = \pm\left(\vec{n}^0 \circ \vec{P} - \vec{n}^0 \circ \vec{A}\right) \text{ mit } \vec{n}^0 = \frac{\vec{n}}{|\vec{n}|}$$

Ausführlich geschrieben erhält man:

$$d_{PE} = \frac{1}{|\vec{n}|}\left|\vec{n} \circ \vec{P} - \vec{n} \circ \vec{A}\right|$$

$$= \frac{1}{|\vec{n}|}\left|\begin{pmatrix} n_1 \\ n_2 \\ n_3 \end{pmatrix} \circ \begin{pmatrix} p_1 \\ p_2 \\ p_3 \end{pmatrix} - \begin{pmatrix} n_1 \\ n_2 \\ n_3 \end{pmatrix} \circ \begin{pmatrix} a_1 \\ a_2 \\ a_3 \end{pmatrix}\right|$$

$$= \frac{1}{|\vec{n}|}\left| n_1 p_1 + n_2 p_2 + n_3 p_3 \underbrace{- (n_1 a_1 + n_2 a_2 + n_3 a_3)}_{+ n_0}\right|$$

$$= \frac{1}{|\vec{n}|}\left| n_1 p_1 + n_2 p_2 + n_3 p_3 + n_0\right|$$

$$= \frac{|n_1 p_1 + n_2 p_2 + n_3 p_3 + n_0|}{|\vec{n}|}$$

Abstand eines Punktes von einer Ebene
Der Abstand d_{PE} des Punktes $P(p_1 | p_2 | p_3)$ von der Ebene E mit der Hesse'schen Normalenform
E: $n_1 x_1 + n_2 x_2 + n_3 x_3 + n_0 = 0$
beträgt:
$$d_{PE} = \frac{|n_1 p_1 + n_2 p_2 + n_3 p_3 + n_0|}{|\vec{n}|} = \frac{1}{|\vec{n}|}|n_1 p_1 + n_2 p_2 + n_3 p_3 + n_0|$$

Mit dem gleichen Verfahren berechnet man den **Abstand paralleler Ebenen** und den **Abstand einer Geraden g von einer Ebene E**, wenn **g ∥ E** gilt.

Beispiel

1. Welchen Abstand besitzen der Punkt $P(1 | 4 | -2)$ und der Ursprung $O(0 | 0 | 0)$ von der Ebene
   E: $6x_1 - 2x_2 + 3x_3 - 27 = 0$?

Lösung:

$|\vec{n}| = \sqrt{36 + 4 + 9} = 7$

$E_H : \frac{1}{7}(6x_1 - 2x_2 + 3x_3 - 27) = 0$

$d_{PE} = \left|\frac{1}{7}(6 \cdot 1 - 2 \cdot 4 + 3 \cdot (-2) - 27)\right| = \left|\frac{1}{7} \cdot (-35)\right| = |-5| = 5$

$d_{OE} = \left|\frac{1}{7}(0 - 0 + 0 - 27)\right| = \left|\frac{1}{7} \cdot (-27)\right| = \frac{27}{7}$

Der Betrag des x-freien Gliedes in der Hesse-Form E_H gibt den Abstand des Ursprungs von der Ebene E an.

2. Bestimmen Sie den Abstand des Punktes $P(9|-1|-2)$ von der Ebene E: $x_1 + 8x_2 - 4x_3 + 27 = 0$ und geben Sie die Gleichung einer Lotgeraden ℓ durch P zur Ebene E an.
   Bestimmen Sie dann diejenigen Punkte $P_1, P_2 \in \ell$, die von P die Entfernung $d = 9$ besitzen.

   Lösung:

   $|\vec{n}| = \sqrt{1 + 64 + 16} = 9 \;\Rightarrow\; E_H : -\frac{1}{9}(x_1 + 8x_2 - 4x_3 + 27) = 0$

   $d_{PE} = \left|-\frac{1}{9}(9 - 8 + 8 + 27)\right| = |-4| = 4$

   Die Lotgerade ℓ hat den Normalenvektor $\vec{n}$ der Ebene als Richtungsvektor, d. h., es gilt:

   $\ell : \vec{X} = \begin{pmatrix} 9 \\ -1 \\ -2 \end{pmatrix} + \lambda \cdot \begin{pmatrix} 1 \\ 8 \\ -4 \end{pmatrix}$

   Für die Punkte P_1, P_2 gilt:

   $\overrightarrow{P_{1;2}} = \vec{P} \pm d \cdot \vec{n}^0 = \begin{pmatrix} 9 \\ -1 \\ -2 \end{pmatrix} \pm 9 \cdot \left(-\frac{1}{9}\right) \cdot \begin{pmatrix} 1 \\ 8 \\ -4 \end{pmatrix}$

   $\overrightarrow{P_1} = \begin{pmatrix} 9 \\ -1 \\ -2 \end{pmatrix} - \begin{pmatrix} 1 \\ 8 \\ -4 \end{pmatrix} = \begin{pmatrix} 8 \\ -9 \\ 2 \end{pmatrix} \;\Rightarrow\; P_1(8|-9|2)$

   $\overrightarrow{P_2} = \begin{pmatrix} 9 \\ -1 \\ -2 \end{pmatrix} + \begin{pmatrix} 1 \\ 8 \\ -4 \end{pmatrix} = \begin{pmatrix} 10 \\ 7 \\ -6 \end{pmatrix} \;\Rightarrow\; P_2(10|7|-6)$

3. Gegeben sind die parallelen Ebenen
   $E_1 : 2x_1 - x_2 + 2x_3 - 6 = 0$ und $E_2 : 2x_1 - x_2 + 2x_3 + 12 = 0$.
   Bestimmen Sie den **Abstand der beiden parallelen Ebenen** und geben Sie die Menge aller Punkte X an, die von E_1 und E_2 den gleichen Abstand besitzen.

Lösung:
Jeder Punkt der Ebene E_1 hat von der Ebene E_2 den gesuchten Abstand. Wir wählen z. B. $P(0|0|3) \in E_1$.

$E_{2H}: -\frac{1}{3}(2x_1 - x_2 + 2x_3 + 12) = 0$

$d_{E_1 E_2} = d_{PE_2} = \left| -\frac{1}{3}(6 + 12) \right| = |-6| = 6$

Die Menge aller Punkte X, die von E_1 und E_2 den gleichen Abstand besitzen, bildet die **Mittelebene E_M** zu E_1 und E_2. Für E_M gilt:

$E_M: 2x_1 - x_2 + 2x_3 + c = 0$ mit $c = \frac{-6 + 12}{2} = 3$, wobei c das

arithmetische Mittel der x-freien Glieder von E_1 und E_2 ist.
$\Rightarrow E_M: 2x_1 - x_2 + 2x_3 + 3 = 0$

Geraden, die sich nicht schneiden oder zusammenfallen, können echt parallel oder windschief sein. Damit besitzen sie einen wohldefinierten Abstand.
Für die Abstandsbestimmung von zwei echt parallelen Geraden wird zuerst der **Abstand des Punktes P von der Geraden g** berechnet. Die Berechnung dieses Abstands geschieht über die Bestimmung des Fußpunktes L des Lotes von P auf g.
Ein Punkt L auf der Geraden $g: \vec{X} = \vec{A} + \lambda \cdot \vec{u}$ hat die Koordinaten:

$L(a_1 + \lambda \cdot u_1 | a_2 + \lambda \cdot u_2 | a_3 + \lambda \cdot u_3)$

Der Richtungsvektor $\overrightarrow{PL}$ steht senkrecht auf dem Richtungsvektor $\vec{u}_g$ der Geraden g, d. h.:

$\overrightarrow{PL} \circ \vec{u}_g = 0$

Daraus erhält man den Punkt L. Dann gilt:

$d_{Pg} = d_{PL}$

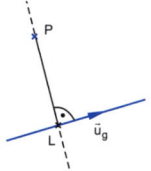

Mit dem gleichen Verfahren bestimmt man den **Abstand paralleler Geraden**.

1. Bestimmen Sie den Abstand des Punktes $P(6|5|2)$ von der Geraden **Beispiel**

$g: \vec{X} = \begin{pmatrix} 5 \\ 1 \\ 3 \end{pmatrix} + \lambda \cdot \begin{pmatrix} 1 \\ -2 \\ 2 \end{pmatrix}$.

Lösung:

$L \in g: L(5+\lambda \,|\, 1-2\lambda \,|\, 3+2\lambda) \;\Rightarrow\; \overrightarrow{PL} = \begin{pmatrix} -1+\lambda \\ -4-2\lambda \\ 1+2\lambda \end{pmatrix}$

$\overrightarrow{PL} \circ \vec{u}_g = \begin{pmatrix} -1+\lambda \\ -4-2\lambda \\ 1+2\lambda \end{pmatrix} \circ \begin{pmatrix} 1 \\ -2 \\ 2 \end{pmatrix} = -1+\lambda+8+4\lambda+2+4\lambda = 0$

$$9\lambda = -9$$

$$\Rightarrow \lambda = -1 \;\Rightarrow\; L(4\,|\,3\,|\,1)$$

$\overrightarrow{PL} = \begin{pmatrix} -2 \\ -2 \\ -1 \end{pmatrix} \;\Rightarrow\; d_{Pg} = d_{PL} = |\overrightarrow{PL}| = \sqrt{4+4+1} = 3$

2. Zeigen Sie, dass die Geraden

$$g: \vec{X} = \begin{pmatrix} 2 \\ 1 \\ 0 \end{pmatrix} + \lambda \begin{pmatrix} 2 \\ 2 \\ 1 \end{pmatrix} \text{ und } h: \vec{X} = \begin{pmatrix} 3 \\ 4 \\ -2 \end{pmatrix} + \mu \begin{pmatrix} 4 \\ 4 \\ 2 \end{pmatrix}$$

echt parallel sind, und bestimmen Sie ihren Abstand.

Lösung:

Es ist $g \,\|\, h$, weil $\begin{pmatrix} 4 \\ 4 \\ 2 \end{pmatrix} = 2 \cdot \begin{pmatrix} 2 \\ 2 \\ 1 \end{pmatrix}$ gilt.

$A(2\,|\,1\,|\,0)$ in h: 1. $2 = 3+4\mu \;\;\Rightarrow\; \mu = -\frac{1}{4}$

2. $1 = 4+4\mu$ f. $\;\Rightarrow\; A \notin h$

3. $0 = -2+2\mu \;\;\Rightarrow\; \mu = 1$

$\Rightarrow$ g und h sind echt parallel.

Ebene E durch A und senkrecht zu g wird mit h geschnitten
$\Rightarrow$ Lotfußpunkt L des Lotes von A auf h.

Für die Ebene E gilt $\vec{n}_E = \vec{u}_g$:

$E: \begin{pmatrix} 2 \\ 2 \\ 1 \end{pmatrix} \circ \vec{X} = \begin{pmatrix} 2 \\ 2 \\ 1 \end{pmatrix} \circ \begin{pmatrix} 2 \\ 1 \\ 0 \end{pmatrix} = 4+2 = 6$

$\Rightarrow$ E: $2x_1 + 2x_2 + x_3 - 6 = 0$

$E \cap h: 6 + 8\mu + 8 + 8\mu - 2 + 2\mu - 6 = 0$

$$18\mu = -6$$

$$\mu = -\frac{1}{3}$$

$\Rightarrow\; L\left(\frac{5}{3} \,\middle|\, \frac{8}{3} \,\middle|\, -\frac{8}{3}\right) \;\Rightarrow\; \overrightarrow{AL} = \vec{L} - \vec{A} = \frac{1}{3} \begin{pmatrix} -1 \\ 5 \\ -8 \end{pmatrix}$

Für den gesuchten Abstand d_{gh} gilt:

$d_{gh} = d_{AL} = |\overrightarrow{AL}| = \sqrt{\frac{1}{9} + \frac{25}{9} + \frac{64}{9}} = \sqrt{10}$

Mit einer geometrisch anschaulichen Überlegung bestimmt man den **Abstand zwischen windschiefen Geraden g und h:**

$$g: \vec{X} = \vec{A} + \lambda \cdot \vec{u}; \quad h: \vec{X} = \vec{B} + \mu \cdot \vec{v}$$

Die Geraden g und h sind windschief, wenn sie weder parallel sind noch sich schneiden. Zur Bestimmung ihres Abstands stellt man eine **Ebene E** auf, die **g enthält und parallel zu h** verläuft. Der Punkt $B \in h$ hat dann von der Ebene E den gesuchten Abstand, d. h. $\mathbf{d_{gh} = d_{BE}}$. Der Normalenvektor $\vec{n}_E$ der so bestimmten Ebene E ist ein Vektor, der in **Richtung des Abstands** zeigt, d. h. auf g und auf h senkrecht steht.

Fragt man noch nach den beiden Punkten $P_1 \in g$ und $P_2 \in h$, die **Träger dieses Abstands** sind, so erhält man diese wie folgt:

Eine **Ebene E'**, die **g enthält** und in **Richtung des Abstands** (d. h. in Richtung von $\vec{n}_E$) **zeigt**, schneidet die Gerade h im gesuchten Punkt P_2. Den Punkt P_1 erhält man als Schnittpunkt der Lotgeraden $\ell: \vec{X} = \vec{P_2} + \delta \cdot \vec{n}_E$ mit der Geraden g.

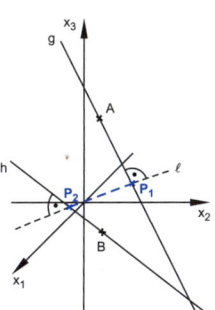

Beispiel

Bestimmen Sie den Abstand der windschiefen Geraden

$$g: \vec{X} = \begin{pmatrix} 2 \\ 1 \\ 6 \end{pmatrix} + \lambda \cdot \begin{pmatrix} 1 \\ 2 \\ -3 \end{pmatrix} \text{ und } h: \vec{X} = \begin{pmatrix} -1 \\ 2 \\ -4 \end{pmatrix} + \mu \cdot \begin{pmatrix} 0 \\ 1 \\ -1 \end{pmatrix}$$

sowie die Trägerpunkte P_1 und P_2 des Abstands.

Lösung:

$$E: \vec{X} = \begin{pmatrix} 2 \\ 1 \\ 6 \end{pmatrix} + \lambda \cdot \begin{pmatrix} 1 \\ 2 \\ -3 \end{pmatrix} + \mu \cdot \begin{pmatrix} 0 \\ 1 \\ -1 \end{pmatrix} \Rightarrow \vec{n}_E = \begin{pmatrix} 1 \\ 2 \\ -3 \end{pmatrix} \times \begin{pmatrix} 0 \\ 1 \\ -1 \end{pmatrix} = \begin{pmatrix} -2+3 \\ 0+1 \\ 1-0 \end{pmatrix} = \begin{pmatrix} 1 \\ 1 \\ 1 \end{pmatrix}$$

$$E: \begin{pmatrix} 1 \\ 1 \\ 1 \end{pmatrix} \circ \vec{X} = \begin{pmatrix} 1 \\ 1 \\ 1 \end{pmatrix} \circ \begin{pmatrix} 2 \\ 1 \\ 6 \end{pmatrix} = 2+1+6 = 9 \Rightarrow E: x_1 + x_2 + x_3 - 9 = 0$$

$$E_H: \frac{1}{\sqrt{3}}(x_1 + x_2 + x_3 - 9) = 0$$

$B(-1 \mid 2 \mid -4) \in h$ in E_H:

$$d_{gh} = d_{BE} = \left| \frac{1}{\sqrt{3}}(-1+2-4-9) \right| = \left| \frac{-12}{\sqrt{3}} \right| = 4\sqrt{3}$$

Bestimmung der Punkte P_1 und P_2:

$$E': \vec{X} = \begin{pmatrix} 2 \\ 1 \\ 6 \end{pmatrix} + \lambda \cdot \begin{pmatrix} 1 \\ 2 \\ -3 \end{pmatrix} + \sigma \cdot \begin{pmatrix} 1 \\ 1 \\ 1 \end{pmatrix} \;\Rightarrow\; \vec{n}_{E'} = \begin{pmatrix} 1 \\ 2 \\ -3 \end{pmatrix} \times \begin{pmatrix} 1 \\ 1 \\ 1 \end{pmatrix} = \begin{pmatrix} 2+3 \\ -3-1 \\ 1-2 \end{pmatrix} = \begin{pmatrix} 5 \\ -4 \\ -1 \end{pmatrix}$$

$$E': \begin{pmatrix} 5 \\ -4 \\ -1 \end{pmatrix} \circ \vec{X} = \begin{pmatrix} 5 \\ -4 \\ -1 \end{pmatrix} \circ \begin{pmatrix} 2 \\ 1 \\ 6 \end{pmatrix} = 10 - 4 - 6 = 0 \;\Rightarrow\; E': 5x_1 - 4x_2 - x_3 = 0$$

h in E':

$$5 \cdot (-1) - 4(2+\mu) - (-4-\mu) = 0$$
$$-3\mu = 9 \;\Rightarrow\; \mu = -3 \;\Rightarrow\; P_2(-1|-1|-1)$$

Lotgerade ℓ: $\vec{X} = \overrightarrow{P_2} + \delta \cdot \vec{n}_E = \begin{pmatrix} -1 \\ -1 \\ -1 \end{pmatrix} + \delta \begin{pmatrix} 1 \\ 1 \\ 1 \end{pmatrix}$

$\ell \cap g$:

(1)	$-1 + \delta = 2 + \lambda$	in (1): $\lambda = 1$
(2)	$-1 + \delta = 1 + 2\lambda$	in (2): $\lambda = 1 \;\Rightarrow\; P_1(3|3|3)$
(3)	$-1 + \delta = 6 - 3\lambda$	in (3): $\lambda = 1$

$(1)+(2)+(3)\quad -3 + 3\delta = 9 \;\Rightarrow\; \delta = 4$

Kontrolle: $d_{gh} = d_{P_1 P_2} = \left| \begin{pmatrix} 4 \\ 4 \\ 4 \end{pmatrix} \right| = \sqrt{4^2 + 4^2 + 4^2} = \sqrt{3 \cdot 4^2} = 4\sqrt{3}$

9.6 Winkelbestimmungen

Bei der Definition des Skalarprodukts wurde der Winkel zwischen zwei Vektoren bestimmt. Diese Kenntnis wird jetzt bei der Bestimmung des **Schnittwinkels zweier Geraden**

$g: \vec{X} = \vec{A} + \lambda \cdot \vec{u}$ und $h: \vec{X} = \vec{B} + \mu \cdot \vec{v}$

verwendet. Diesen bestimmt man als den spitzen Winkel zwischen den Richtungsvektoren der beiden Geraden.

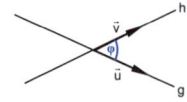

Winkel zwischen zwei Geraden

Unter dem Winkel zwischen zwei Geraden g und h versteht man den **spitzen** Winkel φ, den die Richtungsvektoren $\vec{u}$ und $\vec{v}$ einschließen. Es gilt:

$$\cos \varphi = \left| \frac{\vec{u} \circ \vec{v}}{|\vec{u}| \cdot |\vec{v}|} \right|$$

Bestimmen Sie den Winkel φ zwischen den Geraden **Beispiel**

g: $\vec{X} = \begin{pmatrix} 2 \\ 1 \\ 3 \end{pmatrix} + \lambda \cdot \begin{pmatrix} 1 \\ 0 \\ 1 \end{pmatrix}$ und h: $\vec{X} = \begin{pmatrix} 5 \\ 0 \\ 4 \end{pmatrix} + \mu \cdot \begin{pmatrix} -2 \\ 1 \\ 0 \end{pmatrix}$.

Lösung:

$\vec{u} \circ \vec{v} = \begin{pmatrix} 1 \\ 0 \\ 1 \end{pmatrix} \circ \begin{pmatrix} -2 \\ 1 \\ 0 \end{pmatrix} = -2;$

$|\vec{u}| = \sqrt{1+0+1} = \sqrt{2}; \quad |\vec{v}| = \sqrt{4+1+0} = \sqrt{5}$

$\Rightarrow \quad \cos\varphi = \left| \dfrac{-2}{\sqrt{2} \cdot \sqrt{5}} \right| \quad \Rightarrow \quad \varphi \approx 50{,}77°$

Der **Schnittwinkel zwischen zwei Ebenen** wird mithilfe der Normalenvektoren der Ebenen bestimmt.

Schnittwinkel zweier Ebenen
Unter dem Schnittwinkel zweier Ebenen versteht man den **spitzen** Winkel φ, den die Normalenvektoren miteinander einschließen. Es gilt:

$\cos\varphi = \left| \dfrac{\vec{n}_1 \circ \vec{n}_2}{|\vec{n}_1| \cdot |\vec{n}_2|} \right|$

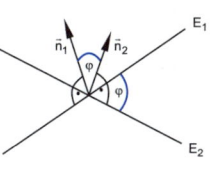

Bestimmen Sie den Winkel φ, den die Ebenen **Beispiel**
$E_1: 5x_1 + 2x_2 - 6x_3 - 12 = 0$ und $E_2: x_1 + 5x_2 + 3x_3 + 4 = 0$
miteinander einschließen.

Lösung:

$\vec{n}_1 \circ \vec{n}_2 = \begin{pmatrix} 5 \\ 2 \\ -6 \end{pmatrix} \circ \begin{pmatrix} 1 \\ 5 \\ 3 \end{pmatrix} = 5 + 10 - 18 = -3$

$|\vec{n}_1| = \sqrt{25+4+36} = \sqrt{65}; \quad |\vec{n}_2| = \sqrt{1+25+9} = \sqrt{35}$

$\cos\varphi = \left| \dfrac{-3}{\sqrt{65} \cdot \sqrt{35}} \right| \quad \Rightarrow \quad \varphi \approx 86{,}39°$

Der **Schnittwinkel zwischen einer Geraden und einer Ebene** wird mithilfe des Richtungsvektors der Geraden und des Normalenvektors der Ebene berechnet.

Mit den Bestimmungsstücken von g und E lässt sich nur der Winkel φ' bestimmen, der den gesuchten Winkel φ zu 90° ergänzt.

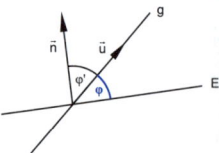

Es gilt:

$$\cos \varphi' = \left| \frac{\vec{u} \circ \vec{n}}{|\vec{u}| \cdot |\vec{n}|} \right| \;\wedge\; \varphi = 90° - \varphi'$$

Wegen $\cos \varphi' = \cos(90° - \varphi) = \sin \varphi$ gilt auch direkt für den Schnittwinkel φ:

$$\sin \varphi = \left| \frac{\vec{u} \circ \vec{n}}{|\vec{u}| \cdot |\vec{n}|} \right|$$

Schnittwinkel einer Geraden mit einer Ebene

Unter dem Schnittwinkel φ einer Geraden mit einer Ebene versteht man den Winkel, der den spitzen Winkel φ' zwischen dem Richtungsvektor $\vec{u}$ der Geraden und dem Normalenvektor $\vec{n}$ der Ebene zu 90° ergänzt. Es gilt:

$$\cos \varphi' = \left| \frac{\vec{u} \circ \vec{n}}{|\vec{u}| \cdot |\vec{n}|} \right| \;\wedge\; \varphi = 90° - \varphi' \;\text{ bzw. }\; \sin \varphi = \left| \frac{\vec{u} \circ \vec{n}}{|\vec{u}| \cdot |\vec{n}|} \right|$$

Beispiel Bestimmen Sie den Winkel φ, den die Gerade g: $\vec{X} = \begin{pmatrix} 1 \\ 2 \\ 4 \end{pmatrix} + \lambda \cdot \begin{pmatrix} 2 \\ 2 \\ 1 \end{pmatrix}$ und die Ebene E: $x_1 + 2x_2 - 4 = 0$ einschließen.

Lösung:

$$\vec{u} \circ \vec{n} = \begin{pmatrix} 2 \\ 2 \\ 1 \end{pmatrix} \circ \begin{pmatrix} 1 \\ 2 \\ 0 \end{pmatrix} = 2 + 4 = 6;$$

$$|\vec{u}| = \sqrt{4+4+1} = 3; \quad |\vec{n}| = \sqrt{1+4+0} = \sqrt{5}$$

$$\cos \varphi' = \left| \frac{6}{3 \cdot \sqrt{5}} \right| \;\Rightarrow\; \varphi' \approx 26,57° \;\Rightarrow\; \varphi = 90° - \varphi' \approx 63,43°$$

bzw.

$$\sin \varphi = \left| \frac{6}{3 \cdot \sqrt{5}} \right| \;\Rightarrow\; \varphi \approx 63,43°$$

Stichwortverzeichnis

Abgeschlossenheit 137
abhängige Variable 3
Abhängigkeit, lineare 144 f., 159
Ablehnungsbereich 120
Ableitung
- an einer Nahtstelle 41
- der Elementarfunktionen 44
- der Integralfunktion 84
- einer Differenz 45
- einer Funktion 43
- einer Summe 45
- einer verketteten Funktion 47
- eines Produktes 46
- eines Quotienten 46
- höhere 49
Ableitungsfunktion
- Definition 43
- n-ter Ordnung 49
Ableitungsregeln
- Kettenregel 47
- Potenzregel 44
- Produktregel 46
- Quotientenregel 46
- Summenregel 45
abschnittsweise definierte Funktion 14, 33
Absolutbetrag von Funktionen 14
Abstand
- Punkt–Ebene 181
- Punkt–Gerade 183
- Punkt–Punkt 149
- zweier paralleler Ebenen 182
- zweier paralleler Geraden 183
- zweier windschiefer Geraden 185
Achsenabschnittspunkte 4
Achsensymmetrie 6
Addition von Vektorpfeilen 136
Additionsregel 94

allgemeine
- Exponentialfunktion 9
- lineare Funktion 15
- Logarithmusfunktion 9
- quadratische Funktion 16
Alternativtest 126
Änderungsrate
- mittlere 38
- momentane 38
Annahmebereich 120
Antragspunkt 167
arithmetischer Vektorraum 142
arithmetisches Mittel 101
Assoziativgesetz 138, 141
Asymptoten
- Definition 34
- gebrochen-rationaler Funktionen 35
- horizontale (waagrechte) 34
- schiefe (schräge) 34
- vertikale (senkrechte) 34
Aufspalten
- in Linearfaktoren 16
- von Betragsfunktionen 14
Aufstellen von Funktionsgleichungen 69
äußere Funktion bei Verkettung 21
Axiome von Kolmogorow 92

Basis 146
bedingte Wahrscheinlichkeit 94
Bedingungen
- für relative Extrema 69
- für Terrassenpunkt 69
- für Wendepunkt 69
Berechnung
- eines lokalen (relativen) Extremwertes 62
- eines Wendepunktes 62
Bernoulli-Experiment 110

Bernoulli-Kette
- Definition 110
- Wahrscheinlichkeit eines Ereignisses 111
- Wahrscheinlichkeit eines Ergebnisses 111

Berührung
- der x-Achse 63
- zweier Graphen 55

besondere Lagen
- von Ebenen 173
- von Geraden 167

bestimmtes Integral
- Definition 78
- Berechnung 78
- Eigenschaften 79
- Rechenregeln 80

Betrag
- einer Strecke 131, 149
- eines Vektors 148, 154

Betragsfunktion 8
Binomialkoeffizient 106
Binomialverteilung
- Definition der 112
- Eigenschaften der 114
- Erwartungswert der 112
- Tabelle der 115
- Varianz der 112

Definitionslücke 33
Definitionsmenge 3
Differenzenquotient 37
Differenzialquotient 38
Differenziation 38
Differenzierbarkeit
- an einer Nahtstelle 41
- an einer Stelle 38
- und Stetigkeit 41

Differenzierbarkeitsmenge 43
Dimension 146
Distributivgesetz 141
Divergenz von Funktionen 23
Drei-Punkte-Gleichung einer Ebene 168
durchdringende Berührung 55

Ebene 167, 171
- durch drei Punkte 168
- durch Punkt und Gerade 169
- durch zwei parallele Geraden 170
- durch zwei sich schneidende Geraden 170
- parallel zu einer Koordinatenachse 173

echt parallel 174, 177, 179
eindeutige Zuordnung 3
Einheitsvektor 149
einseitiger Signifikanztest 120, 123
Elementarfunktionen 8 f.
endliche Sprungstelle 32
Entscheidungsregel 121
Ereignis 91
Ereignisraum 91
Ereignisse
- abhängige 94
- unabhängige 94
- unvereinbare 94

Ergebnisraum 91
Erwartungswert
- Definition 101
- der Binomialverteilung 112

Euler'sche Zahl e 9
Exponentialfunktion
- allgemeine 9
- natürliche 9

Extremwerte von Funktionen 5, 51
Extremwertproblem
- Beispiele 72 ff.
- Einführung 71

Extremwertsatz 71

faires Spiel 102
Fallen einer Funktion 50
Fehler
- 1. Art 122, 126
- 2. Art 126

Flächeninhalt
- Beispiele 82

- Berechnung durch Integration 81
- eines Dreiecks 160
- eines Parallelogramms 159 f.
- eines Vielecks 160

Formvariable, Einfluss von 10 f.

Funktion
- Ableitung einer 43
- abschnittsweise definierte 14, 33
- Definitionslücke einer 33
- Definitionsmenge einer 3
- Extremwerte einer 5, 53, 62
- Exponential- 9
- ganzrationale 18, 63, 69
- gebrochen-rationale 19, 65
- gerade 6
- Grenzwert einer 28
- Integral- 83
- Kosinus- 10
- lineare 8, 15
- Logarithmus- 9
- nichtrationale 19, 67
- periodische 7
- Polstelle einer 61
- Potenz- 8 f.
- quadratische 8, 16
- reelle 3
- Sinus- 10
- Stamm- 75
- Umkehr- 20
- Unendlichkeitsstelle einer 33
- ungerade 6
- verkettete 21
- Wendepunkt einer 54, 62
- Wertemenge einer 3, 63
- Wurzel- 8

Funktion $|f(x)|$ 14

Funktion $f(|x|)$ 15

Funktionenschar 22

Funktionsgleichung 3

Funktionsgraph einer Wahrscheinlichkeitsverteilung 100

Funktionswert 3

Funktionszuordnung 3

Galton-Brett 118

ganzrationale Funktion 18, 63, 69

gebrochen-rationale Funktion 19, 65

Gegenhypothese 120

Gegenvektor 134

Gerade 165

gerade Funktion 6

Geraden
- parallele 174
- schneidende 175
- windschiefe 175

Geradengleichung 15

Geradensteigung 15

geschlossene Vektorkette 138

Gleichung einer Ebene
- mit Parameter 168 ff.
- ohne Parameter 171 f.

Gleichung einer Geraden
- mit Parameter 165 f.
- ohne Parameter 165

Grad einer ganzrationalen Funktion 18

Graph
- einer Funktion 4, 63
- der Umkehrfunktion 20

Grenzwert
- einer Differenz 25
- einer Funktion 28
- eines Produktes 25
- eines Quotienten 26
- einer Summe 24
- häufig auftretende 27, 31

Grenzwertsätze 24 ff.

Grundgesamtheit 119

häufig auftretende Grenzwerte 27, 31

Häufigkeit, relative 91

Hauptsatz der Differenzial- und Integralrechnung 84

Hesse-Form einer Ebene 180

Histogramm 100

Hochpunkt 5, 51, 62

höhere Ableitungen 49
Hyperbel 9
Hypothese 120

innere Funktion bei Verkettung 21
Integral
• bestimmtes 78
• unbestimmtes 76
Integralfunktion
• Berechnung von 84
• Definition der 83
Integration
• bei verketteter Exponential-funktion 87
• durch Umkehrung der logarith-mischen Differenziation 87
• elementarer Funktionen 77
• mit bekannten Funktionen 86
• mit Grundformeln 85
Integrationsregeln 80
integrierbare Funktionen 79
inverser Vektor 138
Irrtumswahrscheinlichkeit 122

kartesisches Koordinatensystem 129
Kettenregel 47
klassischer Signifikanztest 125
kollinear 141, 144
Kolmogorow-Axiome 92
Kommutativgesetz 138
komplanar 145
Konvergenz von Funktionen 23, 28
Koordinaten
• eines Punktes 130
• eines Vektors 135
Koordinatenachse 129
Koordinatenebene 130, 173
Koordinatenform
• einer Ebene 172
• einer Geraden 165
Koordinatensystem, kartesisches 129

Kosinusfunktion 10
Kreisgleichung 150
Kreuzprodukt 158
Kriterien der Kurvendiskussion
• Asymptoten 62
• Berührpunkte 55
• Definitionsmenge 61
• Extremwerte 62
• Fallen 62
• Graph 63
• Krümmung 62
• Monotonie 62
• Schnittpunkte 61
• Steigen 62
• Symmetrie 62
• Unendlichkeitsstelle (Polstelle) 61
• Verhalten im Unendlichen 61
• Wendepunkte 62
• Wertemenge 63
• Wertetabelle 63
Krümmung 53
Kugelgleichung 150
kumulative Verteilungsfunktion 100
Kurvendiskussion, Beispiele zur 63 ff.

Lage
• Ebene – Ebene 176 f.
• Gerade – Ebene 178 f.
• Gerade – Gerade 173 ff.
Länge
• einer Bernoulli-Kette 110
• einer Strecke 131, 149
• eines Vektors 148
Laplace-Experiment 91
Laplace-Wahrscheinlichkeit 91
Leibniz-Schreibweise 43
lineare Abhängigkeit 144 f., 159
lineare Funktion 8, 15
lineare Unabhängigkeit 144 f.
Linearfaktoren, Abspalten von 16
Linearkombination 144

Linkskrümmung 53
lokale (relative) Extremwerte 5, 53 ,62
Logarithmusfunktion
- allgemeine 9
- natürliche 9
Lotgerade 182
Lotvektor 157

Maßzahlen von Zufallsgrößen 101 ff.
Maximum, relatives 5, 51, 62
Minimum, relatives 5, 51, 62
Mittel, arithmetisches 101
Mittelebene 183
Mittelpunkt einer Strecke 143
Monotonie 5, 50, 62
Multiplikationsregel 94

Nahtstelle, Ableitung an einer 41
natürliche Exponentialfunktion 9
natürliche Logarithmusfunktion 9
neutrales Element 138
Newton-Verfahren 57 ff.
nichtrationale Funktion 19, 67
Niete 110
Normale 40
Normalenform
- einer Ebene 171 f.
- einer Geraden 165
- Hesse'sche 180
Normalenvektor 157, 172
Nullhypothese 120
Nullstelle
- Definition der 4
- doppelte = Berührung der x-Achse 63
- n-fache 18
Nullvektor 134, 137 f.

Oktant 130
orthogonaler Vektor 155
Ortsvektor 134

Parabel
- allgemeine (quadratische) 16
- allgemeine n-ter Ordnung 8
- Scheitel einer 16
Parallelflach 139
Parallelität
- von Ebenen 177
- von Geraden 174
- von Geraden und Ebenen 179
- von Vektoren 141
Parallelogramm 159 f.
Parameter der Bernoulli-Kette 110
Parameterdarstellung
- einer Ebene 168
- einer Geraden 165
parameterfreie Darstellung
- einer Ebene 172
- einer Geraden 165
Pascal-Dreieck 106
periodische Funktion 7
Periode einer Funktion 7
Pfeil 133
Polstelle (Unendlichkeitsstelle) 61
Polynomdivision 18
Potenzfunktion 8 f.
Potenzregel der Ableitung 44
Produktregel
- Ableitung 46
- Unabhängigkeit 94
Punkt-Richtungs-Gleichung
- einer Ebene 168
- einer Geraden 165
Punktsymmetrie zum Ursprung 6
Pyramide 140

quadratische Funktion 8, 16
Quotientenregel 46

rationale Funktion 19
Rechtskrümmung 53
Rechtssystem 158
reelle Funktion 3
reeller Vektorraum 141

relative Häufigkeit 91
relatives Maximum 5, 53
relatives Minimum 5, 53
Repräsentant eines Vektors 133
repräsentative Stichprobe 119
Richtungsvektor 165
Risiko (Fehler) 1. Art 122, 126
Risiko (Fehler) 2. Art 126

Satz von Sylvester 92
Scheitel einer Parabel 16
Schnitt
• von Ebenen 177
• von zwei Graphen 7, 55
Schnittgerade 177
Schnittpunkt
• mit den Achsen 4
• von Geraden 175
• von Gerade und Ebene 178
Schnittwinkel
• mit der x-Achse 40
• mit der y-Achse 40
Schrägbild des Koordinaten-
    systems 130
Schwerpunkt eines Dreiecks 143
senkrechte Vektoren 155
Signifikanzniveau 122
Signifikanztest
• einseitiger 120, 123
• klassischer 125
Sinusfunktion 10
Skalar 140
Skalarprodukt 152 f.
S-Multiplikation 140 f.
Spaltenschreibweise 134 f.
Spat 139
Spatprodukt 161
Spiegelung
• am Ursprung 13
• an der Geraden $y = x$ 20
• an der x-Achse 13
• an der y-Achse 12
Sprungstelle
• endliche 32
• unendliche 33

Stabdiagramm 100
Stammfunktion
• Definition der 75
• der Elementarfunktionen 77
• der ganzrationalen Funk-
    tionen 76
• Graph der 76
Standardabweichung 103
Steigung
• der Tangente 39
• einer Funktion 38
• einer Geraden 15
• eines Graphen 38
stetig behebbare Definitionslücke
    33
Stetigkeit
• an der Stelle x_0 32
• und Differenzierbarkeit 41
Stichprobe 119
Stichprobenlänge 119
strenge Monotonie 5, 50
Subtraktion von Vektoren 139
Summenvektor 136
Symmetrie
• zum Ursprung 6
• zur y-Achse 6

Tabelle der Binomialverteilung
    115
Tangente
• Gleichung der 39
• in einem Punkt auf dem
    Graphen 38
• Steigung der 39
• von einem Punkt an einen
    Graphen 56
• waagrechte 51
• Wende- 54
Terrassenpunkt 55
Testen von Hypothesen 119
Tiefpunkt 5, 51, 62
Treffer 110

Umkehrfunktion
• Gleichung der 20

- Graph der 20
unabhängige Variable 3
Unabhängigkeit
- lineare 144 f.
- von Ereignissen 94
unbestimmtes Integral 76
unendliche Sprungstelle 33
Unendlichkeitsstelle 33
ungerade Funktion 6
unitäres Gesetz 141
Unstetigkeit 33
unvereinbar 94
Urnenmodell
- Ziehen mit Zurücklegen 108
- Ziehen ohne Zurücklegen 107
Ursprung 129

Variable
- abhängige 3
- unabhängige 3
Varianz
- Definition 102
- der Binomialverteilung 112
Verhalten einer Funktion
- für $x \to x_0$ 28
- für $x \to \pm\infty$ 23
Vektor 133
Vektoraddition 136, 141
Vektoren in der Physik 133
Vektorkette 138
Vektorprodukt 158
Vektorraum
- arithmetischer 142
- reeller 141
Verkettung von Funktionen
- Ableitung 47
- Definition 21
Verschiebung eines Graphen
- in x-Richtung 11
- in y-Richtung 10
Verteilungsfunktion, kumulative
100

Vierfeldertafel 92, 95
Volumen
- einer Pyramide 162 f.
- eines Spats 161

Wahrscheinlichkeit, bedingte 94
Wahrscheinlichkeitsfunktion 99
Wahrscheinlichkeitsverteilung
- Beispiele 93
- Definition 92
- einer Zufallsgröße 99
- Funktionsgraph 100
- Histogramm 100
- Stabdiagramm 100
- über dem Ergebnisraum 92
Wendepunkt/Wendestelle 54, 62
Wendetangente 54
Wertemenge 3, 63
Wertetabelle 63
windschiefe Geraden 175
Winkel zwischen
- Gerade und Ebene 188
- zwei Ebenen 187
- zwei Geraden 186
- zwei Vektoren 154
Wurzelfunktion 8

Zerlegen in Linearfaktoren 16
Ziehen
- mit Zurücklegen 95, 108, 111
- ohne Zurücklegen 95, 107
Zielfunktion 71
Zuordnung, eindeutige 3
Zufallsgröße/Zufallsvariable 98
- binomialverteilte 112
- Maßzahlen 101 ff.
Zusammenfallen von Ebenen
176
Zusammenfallen von Geraden
174
Zwei-Punkte-Gleichung einer
Geraden 166

Ihre Meinung ist uns wichtig!

Ihre Anregungen sind uns immer willkommen. Bitte informieren Sie uns mit diesem Schein über Ihre Verbesserungsvorschläge!

Titel-Nr.	Seite	Vorschlag

21-V1T_NW

Bitte ausfüllen und im frankierten Umschlag an uns einsenden. Für Fensterkuverts geeignet.

STARK Verlag
Postfach 1852
85318 Freising

Zutreffendes bitte ankreuzen! Die Absenderin/der Absender ist:

☐ Lehrer/in in den Klassenstufen:

☐ Fachbetreuer/in
Fächer:

☐ Fächer:

☐ Seminarlehrer/in
Fächer:

☐ Regierungsfachberater/in
Fächer:

☐ Oberstufenbetreuer/in

☐ Schulleiter/in

☐ Referendar/in, Termin 2. Staatsexamen:

☐ Leiter/in Lehrerbibliothek

☐ Leiter/in Schülerbibliothek

☐ Sekretariat

☐ Eltern

☐ Schüler/in, Klasse:

☐ Sonstiges:

Kennen Sie Ihre Kundennummer? Bitte hier eintragen.

Absender (Bitte in Druckbuchstaben)

Name/Vorname

Straße/Nr.

PLZ/Ort/Ortsteil

Telefon privat   Geburtsjahr

E-Mail

Schule/Schulstempel (Bitte immer angeben!)

Unterrichtsfächer: (Bei Lehrkräften!)

Bitte hier abtrennen ✂

Sicher durch das Abitur!

Klare Fakten, systematische Methoden, prägnante Beispiele sowie Übungsaufgaben auf Abiturniveau mit Lösungen.

(Bitte blättern Sie um)

Chemie

Chemie 1 – Gleichgewichte · Energetik ·
Säuren und Basen · Elektrochemie Best.-Nr. 84731
Chemie 2 – Naturstoffe · Aromatische
Verbindungen · Kunststoffe .... Best.-Nr. 84732
Chemie 1 – Bayern
Aromatische Kohlenwasserstoffe · Farbstoffe ·
Kunststoffe · Biomoleküle ·
Reaktionskinetik .... Best.-Nr. 947418
Methodentraining Chemie .... Best.-Nr. 947308
Rechnen in der Chemie .... Best.-Nr. 84735
Abitur-Wissen Protonen und
Elektronen .... Best.-Nr. 947301
Abitur-Wissen Struktur der Materie
und Kernchemie .... Best.-Nr. 947303
Abitur-Wissen Stoffklassen
organischer Verbindungen .... Best.-Nr. 947304
Abitur-Wissen Biomoleküle .... Best.-Nr. 947305
Abitur-Wissen Biokatalyse und
Stoffwechselwege .... Best.-Nr. 947306
Abitur-Wissen Chemie am Menschen –
Chemie im Menschen .... Best.-Nr. 947307
Kompakt-Wissen Abitur Chemie
Organische Stoffklassen
Natur-, Kunst- und Farbstoffe .... Best.-Nr. 947309
Kompakt-Wissen Abitur Chemie
Anorganische Chemie
Energetik · Kinetik · Kernchemie ... Best.-Nr. 947310

Erdkunde/Geographie

Erdkunde – Atmosphäre · Relief- und
Hydrosphäre · Wirtschaftsprozesse und
-strukturen · Verstädterung .... Best.-Nr. 94909
Geographie 1 – Bayern .... Best.-Nr. 94911
Geographie 2 – Bayern .... Best.-Nr. 94912
Geographie – Baden-Württemberg Best.-Nr. 84904
Erdkunde – NRW .... Best.-Nr. 54902
Abitur-Wissen Entwicklungsländer Best.-Nr. 94902
Abitur-Wissen Die USA .... Best.-Nr. 94903
Abitur-Wissen Europa .... Best.-Nr. 94905
Abitur-Wissen
Der asiatisch-pazifische Raum ...... Best.-Nr. 94906
Abitur-Wissen
GUS-Staaten/Russland .... Best.-Nr. 94908
Kompakt-Wissen Abitur Erdkunde
Allgemeine Geographie ·
Regionale Geographie .... Best.-Nr. 949010
Kompakt-Wissen Abitur – Bayern
Geographie Q11/Q12 .... Best.-Nr. 9490108
Lexikon Erdkunde .... Best.-Nr. 94904

Biologie

Biologie 1 – Strukturelle und energetische
Grundlagen des Lebens · Genetik und
Gentechnik · Neuronale Informations-
verarbeitung .... Best.-Nr. 947018
Biologie 2 – Evolution als Umweltfaktor –
als Umweltfaktor – Populationsdynamik und
Biodiversität · Verhaltensbiologie . Best.-Nr. 947028
Biologie 1 – Baden-Württemberg,
Zell- und Molekularbiologie · Genetik ·
Neuro- und Immunbiologie .... Best.-Nr. 847018
Biologie 2 – Baden-Württemberg,
Evolution · Angewndte Biologie .... Best.-Nr. 847028
Biologie 1 – NRW
Zellbiologie, Genetik, Informationsverarbeitung,
Ökologie .... Best.-Nr. 54701
Biologie 2 – NRW
Angewandte Genetik · Evolution ... Best.-Nr. 54702
Chemie für den LK Biologie .... Best.-Nr. 54705
Grundlagen, Arbeitstechniken und
Methoden .... Best.-Nr. 94710
Abitur-Wissen Genetik .... Best.-Nr. 94703
Abitur-Wissen Neurobiologie .... Best.-Nr. 94705
Abitur-Wissen Verhaltensbiologie . Best.-Nr. 94706
Abitur-Wissen Evolution .... Best.-Nr. 94707
Abitur-Wissen Ökologie .... Best.-Nr. 94708
Abitur-Wissen Zell- und
Entwicklungsbiologie .... Best.-Nr. 94709
Klausuren Biologie Oberstufe .... Best.-Nr. 907011
Kompakt-Wissen Abitur Biologie
Zellen und Stoffwechsel · Nerven · Sinne und
Hormone · Ökologie .... Best.-Nr. 94712
Kompakt-Wissen Abitur Biologie Genetik und
Entwicklung · Immunbiologie ·
Evolution · Verhalten .... Best.-Nr. 94713
Kompakt-Wissen Abitur Biologie
Fachbegriffe der Biologie .... Best.-Nr. 94714
Kompakt-Wissen Abitur Biologie
Zellbiologie · Genetik · Neuro- und Immunbiologie
Evolution – Baden-Württemberg .. Best.-Nr. 94712

Bestellungen bitte direkt an:
STARK Verlagsgesellschaft mbH & Co. KG · Postfach 1852 · D-85318 Freising
Telefon 0180 3 179000* · Telefax 0180 3 179001*
www.stark-verlag.de · info@stark-verlag.de
*9 Cent pro Min. aus dem deutschen Festnetz, Mobilfunk bis 42 Cent pro Min.
Aus dem Mobilfunknetz wählen Sie die Festnetznummer: 08167 9573-0

21-VIT_NW

Lernen · Wissen · Zukunft
STARK